你好
네이호우
안녕

KID's TRAVEL GUIDE
HONG KONG

나의 처음
홍콩
여행

나의 처음 홍콩 여행

KID'S TRAVEL GUIDE HONG KONG

초판 1쇄발행 2024년 1월 15일
초판 2쇄발행 2024년 2월 28일

지은이 / Dear Kids
펴낸이 / 김화정

일러스트 / 생갱
교정 / 박근혜
인쇄 / (주) 미래피앤피

Special Thanks / 김내리, 정성윤

펴낸곳 / mal.lang
주소 / 서울시 중랑구 중랑천로14길 58, #1517
전화 / 02-6356-6050
팩스 / 02-6455-6050
이메일 / ml.thebook@gmail.com
출판등록 / 2015년 11월 23일
제 25100-2015-000087호

ISBN / 979-11-983478-2-4

KID's TRAVEL GUIDE HONG KONG

나의 처음 홍콩 여행

Dear Kids 지음 • 생갱 그림

MAL LANG

책 곳곳에 있는 빈 말풍선에
너의 생각을 써 봐~.

CONTENTS

I am...

나에 대한 정보를 써 보자.

한국의 주소와 홍콩 현지에서 머무르는 곳의
주소와 연락처를 메모해 둬.

이름

한국 주소

머물고 있는 호텔의
명함 붙이기

책을 가지고 다니지
않는다면 호텔 명함을
꼭 가지고 다녀~.

부모님과 떨어져 혼자 있게 됐을 때
당황하지 말고 아래 문장을 지나가는 사람에게 보여 주면 돼.

도와주세요. 부모님을 잃어버렸어요. 이쪽으로 연락해 주세요.

"幫吓我！我搵唔到我嘅爸爸媽媽。"
你可唔可以幫我撥打呢個號碼啊?

Help me. I've lost my parents. Please contact here.

姓名 My Name:

....

父母姓名 My Parent's Name:

....

父母嘅手機號碼 My Parent's Cellphone:

....

酒店地址 Hotel Address:

....

酒店電話號碼 Hotel Telephone:

....

I'm going to...

내가 가는 곳은 어디일까?

홍콩은 한국과 얼마나 떨어져 있을까?

한국과 홍콩을 찾아 봐.

그린란드
알래스카
캐나다
미국
남아메리카

Packing List

내 짐은 내가 챙기자.

빠트린 짐은 없는지 아래 리스트에 체크하고,
나만의 필요한 물건이 있다면 빈칸에 직접 써서 잊지 않도록 하자.

Clothes	Bathroom Things	Other Stuff
□ 상의(티셔츠)	□ 칫솔	□ 여권
□ 하의(바지)	□ 치약	□ 노트
□ 외투(점퍼)	□ 비누	□ 필기도구 (연필, 노트, 색연필, 가위, 풀)
□ 잠옷	□ 헤어 샴푸	□ 선글라스
□ 속옷	□ 헤어 컨디셔너	□ 모자
□ 신발	□ 로션	□ 우산
□ 양말	□ 선크림	

그 외 더 필요한 것들

□	□	□
□	□	□
□	□	□
	□	□

Making Plans

이번 여행에서 뭘 하고 싶어?

나만의 계획과 하고 싶은 것을 써 보자.

1.

2.

3.

4.

5.

6.

7.

8.

9.

10.

Let's go 출발~

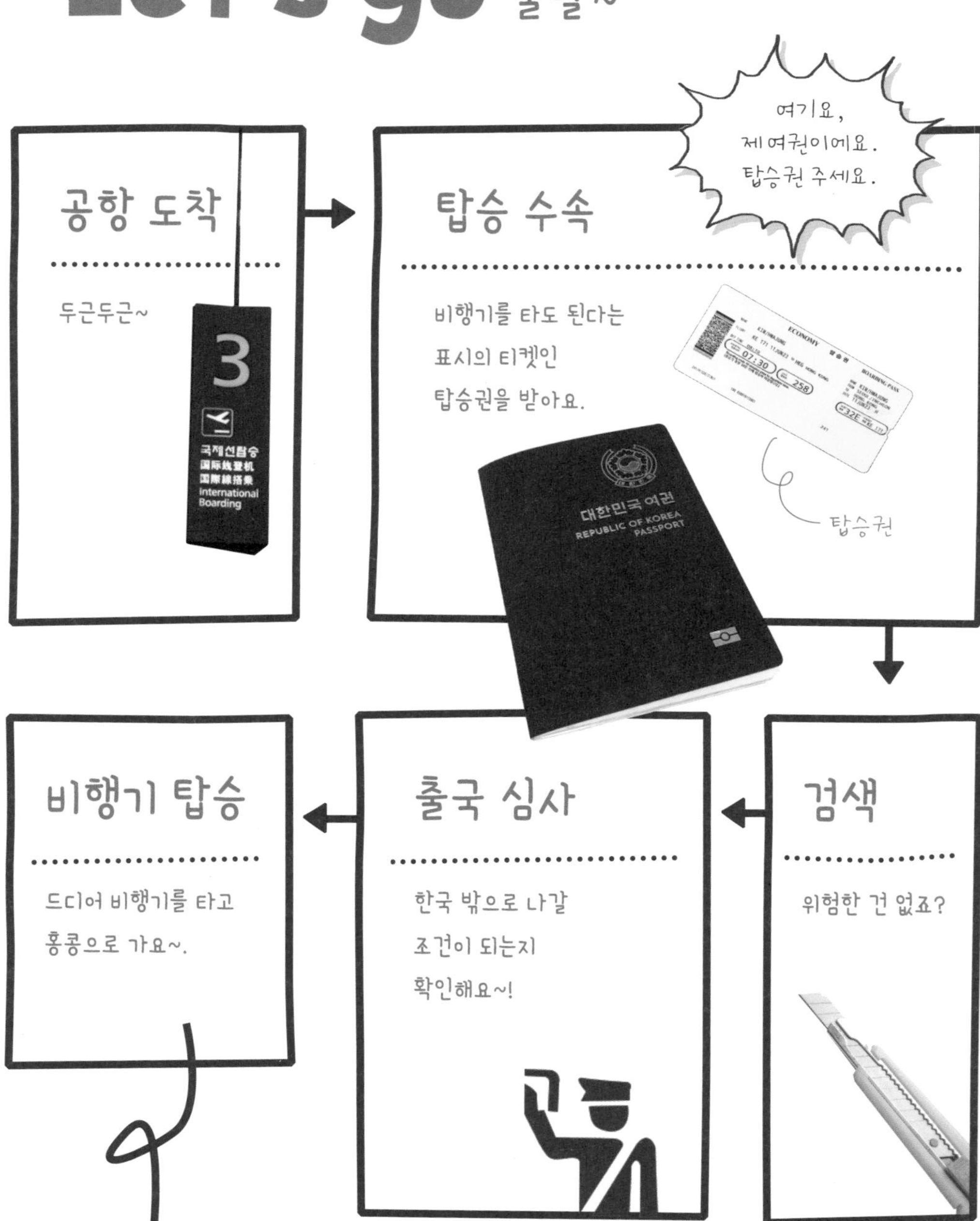

공항 도착
두근두근~
3
국제선탑승
国际线登机
国際線搭乗
International Boarding
여기요,
제 여권이에요.
탑승권 주세요.
탑승 수속
비행기를 타도 된다는
표시의 티켓인
탑승권을 받아요.
탑승권
대한민국 여권
REPUBLIC OF KOREA
PASSPORT
검색
위험한 건 없죠?
출국 심사
한국 밖으로 나갈
조건이 되는지
확인해요~!
비행기 탑승
드디어 비행기를 타고
홍콩으로 가요~.

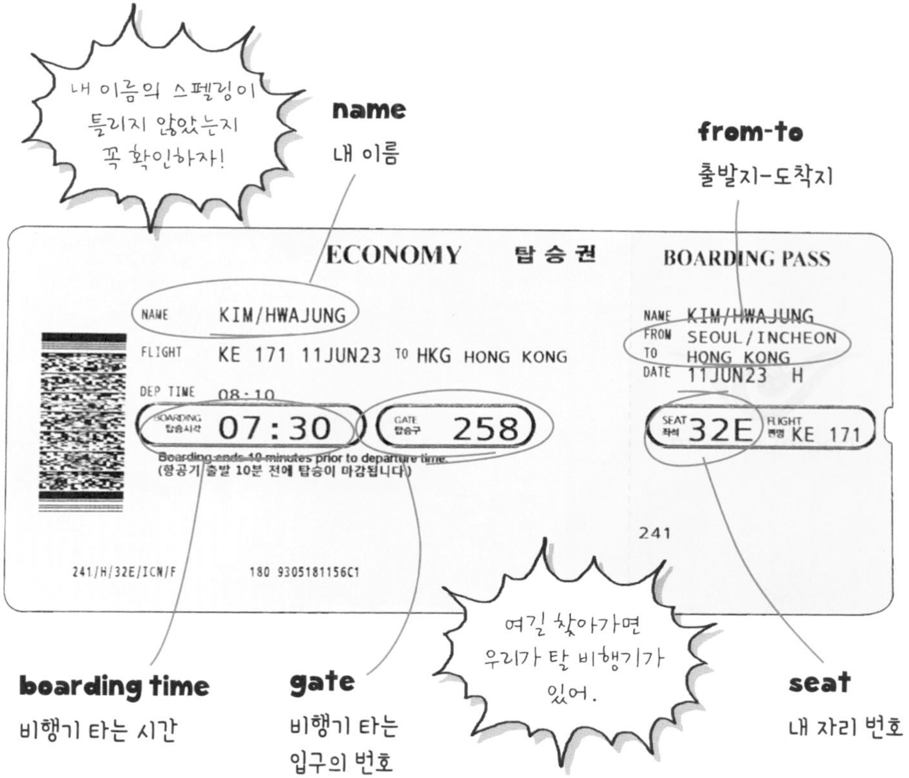

내 이름의 스펠링이
틀리지 않았는지
꼭 확인하자!

name
내 이름

from-to
출발지-도착지

ECONOMY 탑승권 BOARDING PASS

NAME KIM/HWAJUNG
FLIGHT KE 171 11JUN23 TO HKG HONG KONG
DEP TIME 08:10
BOARDING 탑승시각 07:30
GATE 탑승구 258
Boarding ends 10 minutes prior to departure time.
(항공기 출발 10분 전에 탑승이 마감됩니다)

241/H/32E/ICN/F 180 9305181156C1

NAME KIM/HWAJUNG
FROM SEOUL/INCHEON
TO HONG KONG
DATE 11JUN23 H
SEAT 좌석 32E
FLIGHT 편명 KE 171
241

여길 찾아가면
우리가 탈 비행기가
있어.

boarding time
비행기 타는 시간

gate
비행기 타는
입구의 번호

seat
내 자리 번호

이건 기내에 가져갈 수 없어.

가져가고 싶어도 비행기 안으로 가져갈 수 없는 물건들이 있어.
승객들에게 위험을 줄 수 있는 물건들인데, 뭐가 있는지 볼까?
비행기에 들고 가는 가방엔 이런 물건들은 넣으면 안 되겠지?

사람들에게 위험을 줄 수 있는 칼, 망치 같은 물건들은 비행기로 가져갈 수 없어. 가위도 칼처럼 날카로운 물건이라 안 되니까 기억해 둬. 가위를 가져가고 싶으면, 수하물 가방에 넣어야 해.

100ml가 넘는 물이나 음료수 같은 액체류도 가져갈 수 없어. 꼭 가져가야 한다면 100ml 이하의 용기에 담아 투명한 지퍼백에 넣어 가져가야 해.

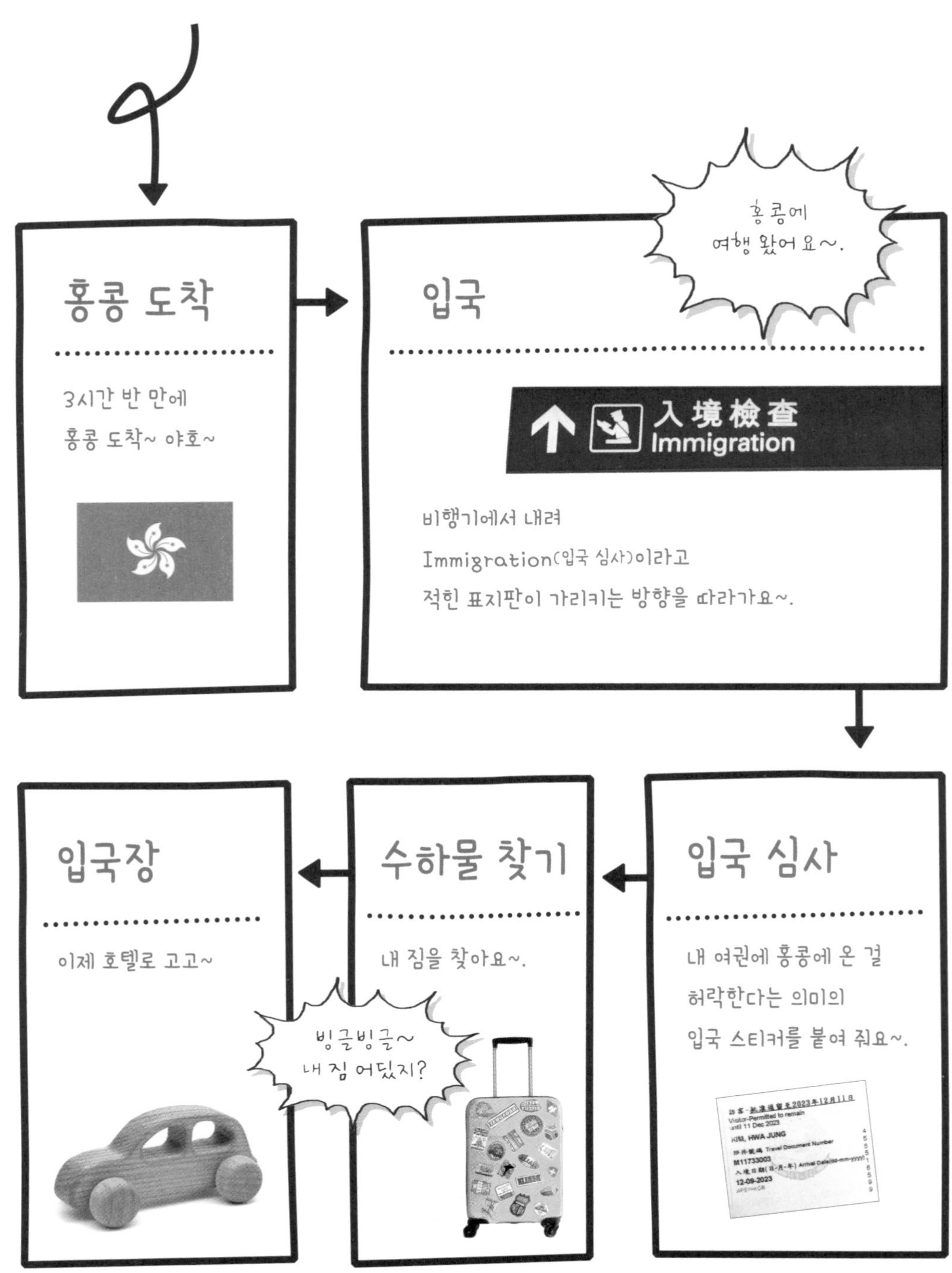

홍콩 도착
3시간 반 만에
홍콩 도착~ 야호~
입국
홍콩에
여행 왔어요~.
入境檢查
Immigration
비행기에서 내려
Immigration(입국 심사)이라고
적힌 표지판이 가리키는 방향을 따라가요~.
입국 심사
내 여권에 홍콩에 온 걸
허락한다는 의미의
입국 스티커를 붙여 줘요~.
수하물 찾기
내 짐을 찾아요~.
빙글빙글~
내 짐 어딨지?
입국장
이제 호텔로 고고~

First Impression...

홍콩의 첫인상은 어땠어?

홍콩 공항에 도착했을 때, 공항에서 호텔로 가는 길에, 호텔에서…, 첫 느낌은 딱 한 번이니까 잊기 전에 꼭 기록해 둬.

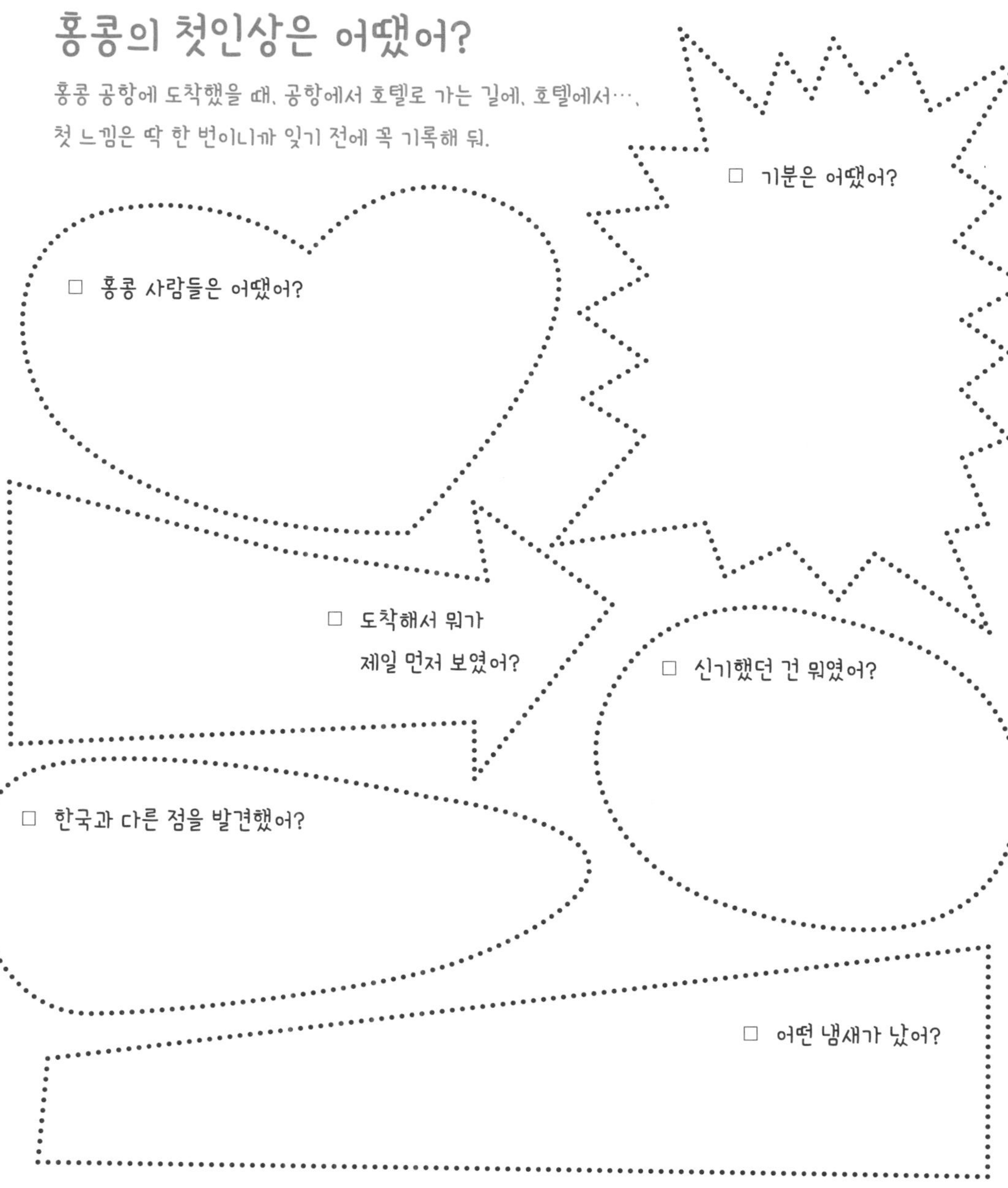

홍콩은 어떤 곳일까?

홍콩은 중국의 **행정구역** 중 하나야

중국		홍콩
국가주석	최고 통치자	행정장
약 959만 6,960	크기 (km^2)	약 1,104
약 14억 2,567만	인구 (명)	약 730만
위안 CNY(¥)	화폐	홍콩달러 HKD(HK$)
중국어(보통화)	언어	중국어(광동어) 영어

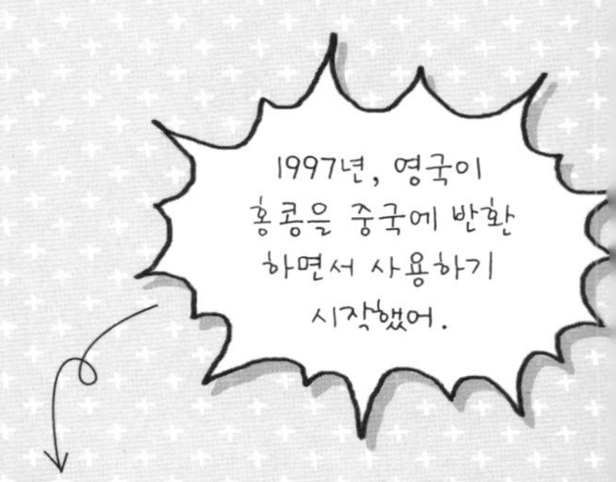

홍콩기는 어떻게 생겼어?

홍콩기는 빨간색의 바탕 가운데에 하얀색 꽃이 그려져 있고, 5개의 꽃잎 안에는 5개의 빨간색 꽃술과 별이 그려져 있어. 빨간색과 하얀색은 '일국양제'를 의미하는데, 그중 빨간색은 공산주의와 '복'을 뜻해. 하얀 꽃은 홍콩을 상징하는 꽃으로, 홍콩의 난초꽃이라 불리는 보히니아(bauhinia)야. 꽃잎 속의 5개 별은 중국국기의 별을 가져온 거라고 해.

중국국기에서 제일 큰 별은 공산당을 나타내고, 작은 4개의 별은 4개의 계급을 의미해.

※ 일국양제란, '하나의 나라, 두 개의 제도'라는 의미다. 중국이라는 하나의 나라 안에서 홍콩은 자치권을 갖고 독자적인 정치, 경제, 사회 시스템을 유지할 수 있게 하는 제도를 말한다.

홍콩의 역사가 궁금해~

선사 시대

7천 년 전~

홍콩에서 발굴된 유물들을 토대로 연대를 측정해보면, 홍콩은 약 7천 년 전 구석기 시대부터 사람들이 거주했을 것으로 추정돼.

소수 민족

~ 19세기 초반

중국의 소수 민족 중 푼티, 하카, 보트 거주자, 호클로가 홍콩에서 살기 시작했어. 제일 먼저 정착한 푼티족은 홍콩의 비옥한 땅을 독차지해 농사를 지었고, 그 후에 홍콩으로 건너온 하카족은 그보다 척박한 땅에서 농사를 지을 수 밖에 없었어. 보트 거주자들은 태어나서 죽을 때까지 바다 위에서 지냈지만, 호클로족은 해안가 주변에 살면서 어부로 지냈다고 해.

영국의 통치

1842 ~ 1997년

1796년, 청나라는 영국 상인이 판매한 아편에 중독된 사람들로 가득했어. 정부가 수입을 금지했음에도 불구하고 아편은 계속 거래됐고, 영국 상인들은 더 큰 이익을 챙겼어. 1839년, 청나라 관료였던 임칙서가 항구로 수입되는 아편을 모두 빼앗아 바다로 던졌고, 영국은 이것을 빌미로 아편전쟁을 일으켜 승리했어. 1842년, 전쟁에 진 대가로 영국에 할양된 홍콩은 정치 문화의 급격한 서구화를 겪으면서 눈부신 경제 성장의 기회를 가졌어.

★ 영국 문화: 빅토리아 여왕의 이름을 딴 빅토리아 피크, 왼쪽 통행 등 이 시기 영국의 영향으로 지금까지도 홍콩 속 영국의 흔적을 찾아볼 수 있다.

일본의 홍콩 점령

1941 ~ 1945년

홍콩 전투에서 일본 제국의 승리로, 홍콩의 일본식민지가 시작돼. 이후 일본 제국의 1945년 제2차 세계대전 패전으로 인해 다시금 대영 제국이 점령하게 돼.

중국으로 돌아간 홍콩

1997년 ~ 현재

1997년, 홍콩은 영국 통치에서 벗어나 중국의 통치를 받는 영토가 돼. 하지만 바로 중국의 사회주의 체제로 바뀐 것은 아니야. '하나의 국가 안에 자본주의와 사회주의 체제를 모두 인정한다'는 '일국양제(One Country, Two Systems)'을 유지하면서 점차적으로 중국 본토의 문화를 받아들이고 있어.

어디에 있어?

홍콩은 우리나라의 부산처럼 중국의 남부 해안에 자리 잡고 있어. 중국 본토와 닿아 있는 북쪽을 제외하고 나머지 면은 모두 바다를 접하고 있지. 그래서 해안가를 중심으로 고층 빌딩들이 빽빽이 들어서기 시작했어.

홍콩은 어떻게 생겼어?

홍콩의 면적은 서울의 약 1.8배 정도 되는 크지 않은 곳으로, 제주도 면적보다 작아. 홍콩은 크게 란타우섬, 홍콩섬, 그리고 홍콩섬 위쪽으로 중국과 붙어 있는 구룡반도로 나눌 수 있어. 지역마다 각각 다른 매력이 있어서 미리 위치를 확인하고 여행 계획을 세우는 걸 추천해.

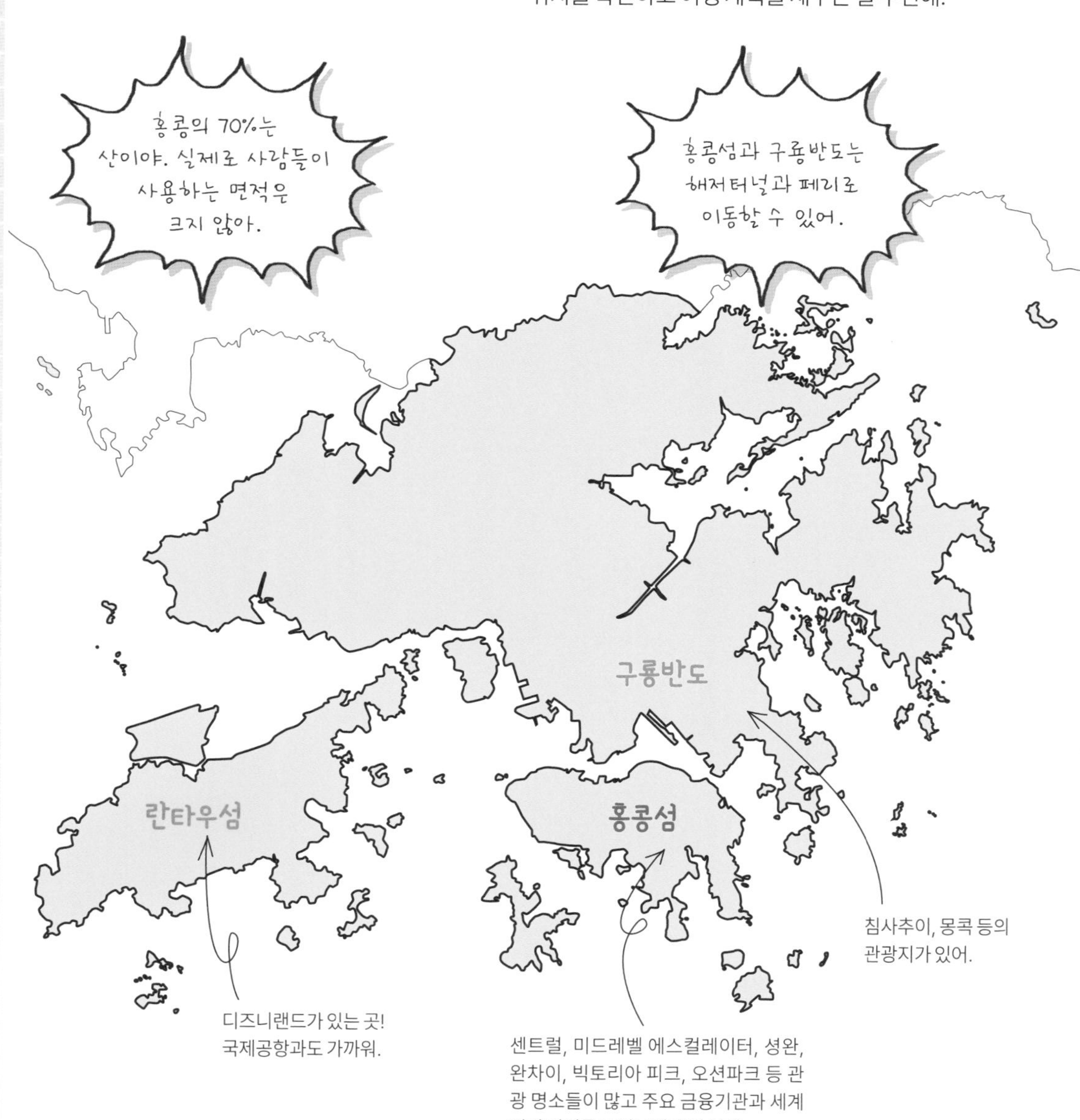

날씨는 어때?

홍콩은 1년 내내 따뜻한 곳이야. 가장 더운 달의 최고 기온은 평균 31°C, 가장 추운 달의 최저 기온은 평균 14°C 야. 내가 여행가는 날짜의 날씨가 어떤지 확인하고 거기에 맞춰 가져가야 할 것들을 잘 챙겨야 해!

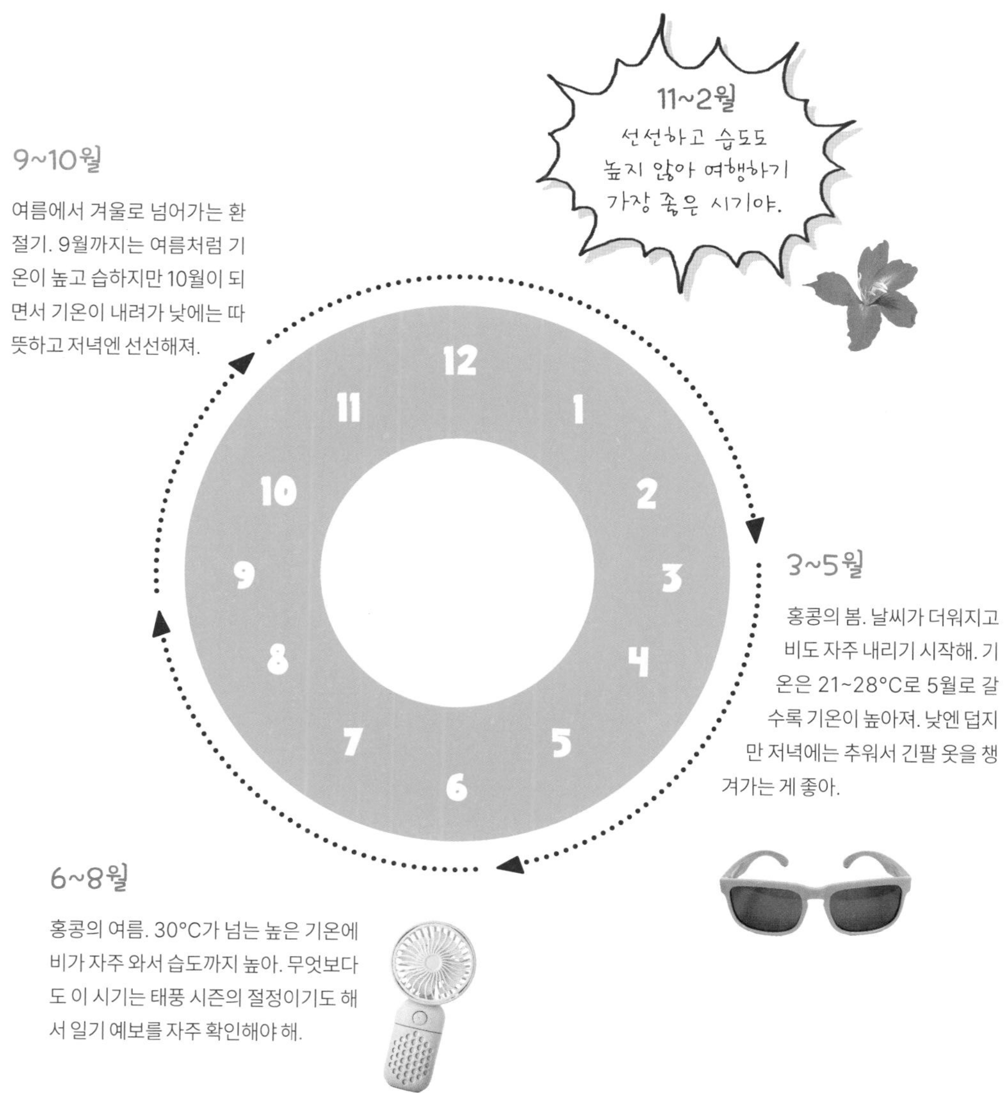

9~10월

여름에서 겨울로 넘어가는 환절기. 9월까지는 여름처럼 기온이 높고 습하지만 10월이 되면서 기온이 내려가 낮에는 따뜻하고 저녁엔 선선해져.

3~5월

홍콩의 봄. 날씨가 더워지고 비도 자주 내리기 시작해. 기온은 21~28°C로 5월로 갈수록 기온이 높아져. 낮엔 덥지만 저녁에는 추워서 긴팔 옷을 챙겨가는 게 좋아.

6~8월

홍콩의 여름. 30°C가 넘는 높은 기온에 비가 자주 와서 습도까지 높아. 무엇보다도 이 시기는 태풍 시즌의 절정이기도 해서 일기 예보를 자주 확인해야 해.

시간이 왜 달라?

나라와 나라 사이에는 시차(시간 차이)가 있어. 한국은 아침인데 미국은 저녁인 경우 있잖아. 나라마다 위치가 다르니까 해가 뜨는 시간도 달라져서 생기는 차이야. 홍콩은 우리나라보다 1시간 느려. 한국이 아침 10시면 홍콩은 아침 9시야. 시차가 커서 밤낮이 바뀐다면 밤낮을 적응하는 데 시간이 필요하겠지만 홍콩은 그런 걱정이 없어 다행이야.

돈은 어떻게 생겼어?

우리나라의 지폐나 동전 같은 화폐를 '원화'라고 해. 홍콩은 홍콩달러(Hong Kong Dollar)라고 하고, 줄여서 HKD나 HK$로 표기해. 지폐는 6가지, 동전은 7가지가 있어. 1 홍콩달러는 우리나라 돈으로 170원 정도야. 100HK$는 17,000원 정도인 셈이지. 환율은 매일 변하니까 여행 가기 전에 확인해 봐.

어떤 언어를 써?

홍콩은 중국어와 영어를 공통으로 사용해. 오랫동안 영국의 지배를 받아서 영어도 함께 사용하고 있어. 홍콩에서 사용하는 중국어는 광동어야. 우리가 흔히 아는 중국어인 보통화(중국의 표준어)와 꽤 달라. 발음도 한자도 다르게 생겼거든.

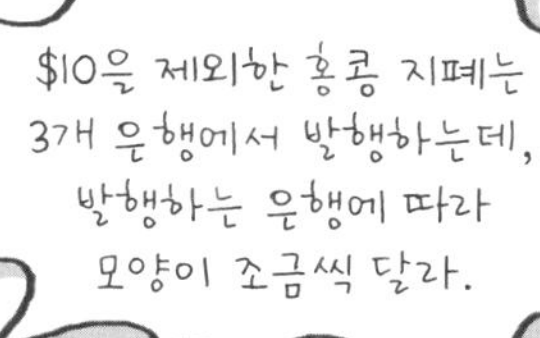

▶ 1달러

10달러 ▶

5달러 ▲

2달러 ▶

▼ 50센트

◀ 20센트

◀ 10센트

우리와 달라~

콘센트 모양이 달라

홍콩은 우리나라와 마찬가지로 220V 전압을 사용해. 하지만 콘센트 모양이 우리와 달라. 우리는 동그란데 홍콩은 네모난 모양이야. 그래서 홍콩에서 사용하고 싶은 전자제품이 있다면 부모님과 상의해서, 플러그 모양을 바꿔 주는 어댑터를 챙겨가야 해.

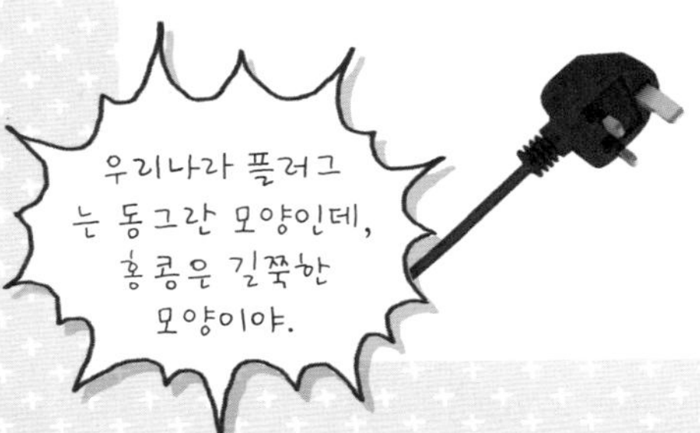

1층이 1층이 아니라고?

홍콩에서 1층은 우리나라의 1층과 달라서 조금 헷갈려. 영국의 영향을 받았기 때문인데, 우리의 1층을 홍콩에서는 G(Ground Floor)라고 해. 그리고 우리의 2층이 홍콩의 1층이야. G는 지면에 닿아 있는 층을 의미하고, 1층은 지면에서 첫 번째 층이기 때문이래. 이렇게 홍콩에는 여전히 영국의 흔적이 남아있는데, 옥스퍼드 로드(Oxford Rd.) 같은 도로 이름이나 빅토리아 피크(Victoria Peak) 등 지역 이름은 물론이고, 엘리베이터를 리프트(Lift)라고 부르는 등 다양한 곳에서 찾아볼 수 있어.

걷는 방향이 달라

우리는 에스컬레이터나 계단을 걸어 갈 때 오른쪽으로 걷지만, 홍콩은 좌측 보행이라 왼쪽으로 걸어야 해.

자동차 운전자석 위치가 달라

홍콩의 운전자석은 오른쪽에 있어. 그래서 택시나 버스의 타고 내리는 문은 왼쪽에 있지. 자동차 운행 방향이 우리와 반대인 왼쪽 차선이기 때문이야. 택시 승강장이나 버스정류장에서 차를 기다리다 보면, 반대 방향에서 다가오는 택시나 버스에 놀랄지도 몰라.

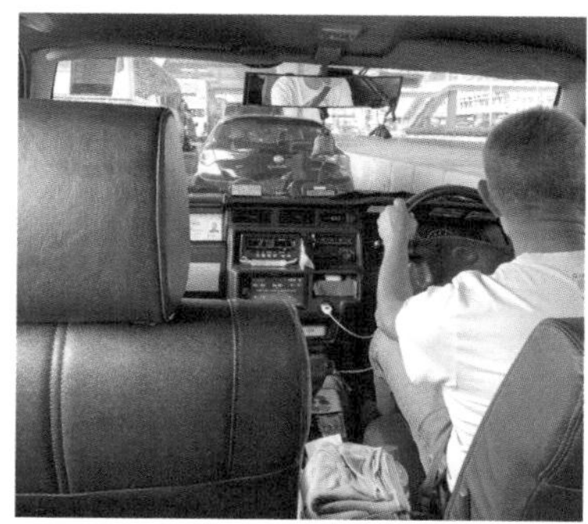

건널목이 달라

횡단보도에 신호등이 없는 일방통행 도로(한쪽 방향으로만 차가 통행하는 도로)의 건널목에서는 바닥에 하얀색 글씨로 LOOK LEFT(왼쪽을 보시오)와 LOOK RIGHT(오른쪽을 보시오)라고 적혀 있어. 차가 다니는 방향이 우리나라와 반대이기 때문에 표시된 방향을 꼭 살펴보고 길을 건너야 해.

홍콩 사람들은 뭐 타고 다녀?

• MTR
홍콩의 지하철

홍콩의 지하철은 MTR이라고 해. 홍콩의 구석구석을 쉽게 다닐 수 있도록 도와주는 대중교통수단이야. 여행 중 빨간색 라인과 파란색 라인을 가장 많이 타게 될 텐데, 빨간 라인은 침사추이와 홍콩섬을 오가는 해저 노선이고, 파란 라인은 홍콩섬 내 주요 관광지에 정차하는 노선이야.

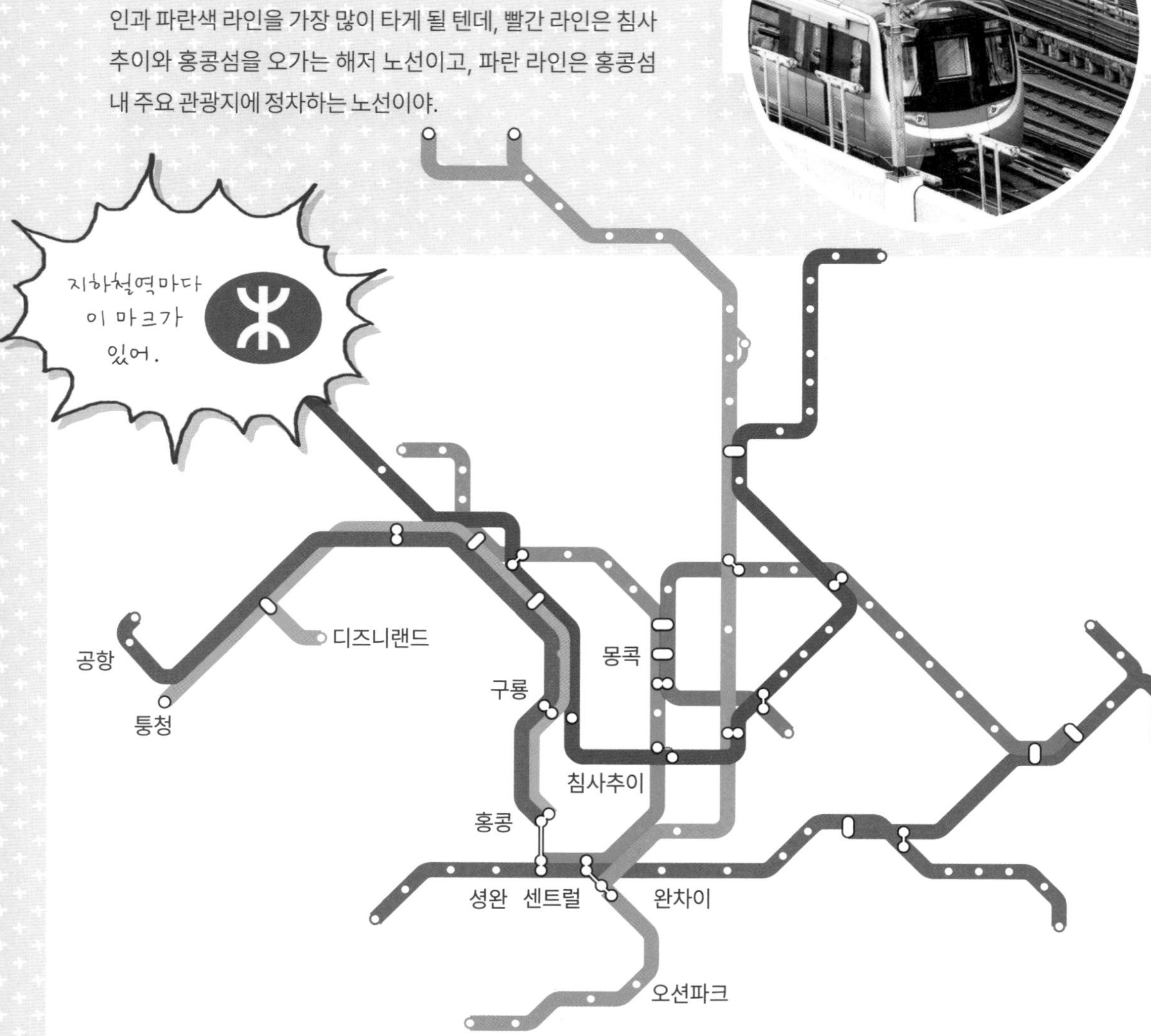

MTR에서 이건 꼭 지켜 줘~

노약자와 임산부를 위한 자리야! 우리나라랑 비슷하게 생겼지? 자리가 비어 있더라도 양보해야 해.

MTR 안에서는 음식물을 먹을 수 없어. 물이나 음료도 안 돼. 아이라고 봐주지 않으니까 절대 금지!

어린이용 카드도 있어. 용돈을 카드에 충전해서 계획적으로 써보는 것도 재밌어~!

옥토퍼스 카드

Octopus Card: 쓸 데가 많은 만능 카드

홍콩 여행에서 가장 먼저 챙겨야 하는 카드! MTR이나 버스, 트램 같은 대중교통은 물론, 편의점, 식당 등에서도 사용할 수 있는 만능 카드거든. 편의점이나 지하철역에서 구입할 수도 있고, 한국에서 미리 구입할 수도 있어.

八達通 Octopus

小童 Child

기념품으로 가지고 갈래~

MTR 개찰구에서 옥토퍼스 카드를 대고 들어가면 돼.

상점, 식당에서 옥토퍼스 카드 단말기에 카드를 대면 계산 완료!

MTR역이나 편의점에서 충전할 수 있어~.

• 트램

과거로 온 것 같아~

내 별명은 '딩딩'이야.
보행자가 가까이 오면 '딩딩'
종소리를 내거든.

멋스러운 2층 전차인 트램은 홍콩의 대표적인 교통수단이야. 홍콩이 영국 통치 하에 있던 1904년부터 지금까지 운행되고 있어. 버스나 택시처럼 빠르지는 않지만 진짜 홍콩을 느끼기엔 트램이 최고야!

＊ 뒤로 타세요~

버스와는 반대로 뒤로 타고 앞으로 내려야 해. 요금은 내릴 때 옥토퍼스 카드로 삑~!

● 택시
비싸지만 편해~

택시 요금이 한국보다 조금 더 비싼 편이지만, 가족 여러 명이 가까운 거리를 이동하거나 날씨가 너무 덥고 습해 힘든 상황이라면 택시를 타는 것도 좋은 방법이야.

* 이건 알아 두자!

❶ 대부분 택시기사님들은 영어를 잘 못해. 목적지를 미리 한자로 적어 보여주는 게 좋아.

❷ 택시 요금은 현금으로만 결제할 수 있어. 신용카드나 옥토퍼스 카드는 사용할 수 없어.

❸ 홍콩섬에서 구룡반도로 이동할 때는 해저터널을 이용하게 돼. 택시로 이동한다면 해저터널 톨게이트비는 따로 계산해야 해.

아랫층과 윗층의
탑승구가 달라.

往中區上層入口
TO CENTRAL (UPPER DECK ENTRANCE)

2층 제일 앞자리가
가장 인기야!

• 2층 버스

2층에 앉아서 거리를 구경해~

2층 버스하면 영국이 가장 유명한데, 홍콩도 영국의 영향을 받아 2층 버스가 운행 중이야. 2층 버스는 면적이 좁고 인구가 밀집된 홍콩에서 많은 사람들을 수송하는 중요한 역할을 하고 있지.

• 스타페리

바다를 오가는 수상버스

홍콩섬과 구룡반도를 오가는 바다 위 교통수단! 100여 년 전부터 지금까지 시민들과 관광객에게 사랑을 받고 있어. 저렴하게 배를 타고 바다 경치를 볼 수 있어서 홍콩에 간다면 꼭 해봐야 할 것 중 하나야!

* 이건 알아 두자!

❶ 앞으로 타고 뒤로 내려. 요금은 탈 때 옥토퍼스 카드를 단말기에 대면 돼.

❷ 내릴 때는 하차벨을 눌러.

❸ 2층을 오르내릴 때는 넘어지지 않게 손잡이를 꼭 잡고 조심해야 해.

홍콩은 재밌어~

재미있는
홍콩문화

합석은 자연스러워~

홍콩에서는 낯선 사람과 한 테이블에서 식사하는 건 익숙한 일이야. 땅이 좁은 홍콩의 식당은 높은 임대료 탓에 공간이 넓지 않아. 빈 자리가 한 자리라도 나면 바로 손님을 들여 앉히기 때문에 합석이 자연스러운 문화가 됐어. 물어보지도 않고 합석을 한다고 기분 나빠하지 말고, 홍콩만의 문화라고 생각해보면 어떨까?

뻥 뚫린 건물

홍콩에서는 한가운데에 구멍이 뚫린 건물을 볼 수 있어. 이걸 '용문'이라고 해. 산에 사는 용이 물을 마시러 물가로 날아가야 하는데 건물이 용의 가는 길을 막게 될까 봐 건물에 용의 문을 뚫어놓은 거야. 그래야 나쁜 일을 막고 좋은 일만 생긴다고 믿고 있어.

외식을 많이 해~

홍콩은 집이 좁아서 식재료를 보관할 공간이 넉넉하지 않기 때문에 집에서 요리하는 일이 거의 없어. 그래서 식당에는 출근 전에 식사 하려는 사람들로 가득해. 대부분 식당들이 아침 6시면 문을 열어. 저녁식사는 식당에서 먹기도 하지만, 음식을 포장해 집으로 향하는 사람들도 많이 볼 수 있어.

빨간색을 좋아해

빨간색 택시, 붉은색 건물, 빨간 등, 붉은색의 간판, 빨간색 장식품 등 홍콩은 빨간색으로 가득해. 빨간색은 경사, 다산, 재물을 부르는 색이라고 생각하기 때문이래.

재미있는 광동어

음꺼이 唔該

홍콩을 여행할 때 가장 많이 쓰게 되는 말이야. '음꺼이' 한 마디면 다 통한다고 할 만큼 만능어야. 다른 사람에게 도움을 받고 '감사합니다'라고 말하고 싶을 때, 모르는 사람에게 '실례합니다' 하고 말을 걸 때, 식당에서 직원을 '여기요' 하고 부를 때, 무언가를 부탁하고 싶어서 '부탁합니다'라고 말할 때, '음꺼이'라고 말하면 돼. 간단하지? 꼭 외워뒀다가 사용해 봐.

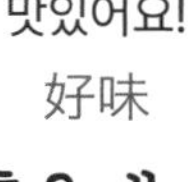

맛있어요!

好味

호우메이

대박이에요!

好正呀

호우쨍아

안녕!(헤어질 때)

拜拜

바이바이

홍콩香港은 '향기로운 항구'라는 뜻인데, 광동어로는 '헝꽁'이라고 발음해.

네이호우 你好

'안녕하세요'라는 의미야. 편하게 영어식 표현인 'Hello'를 자주 쓰기도 하는데 '헬로우'가 아니라 '할로'라고 발음해.

음섹텡 唔識聽

홍콩 사람이 말을 걸어오는데 무슨 말인지 모를 때, '저 못 알아들어요'라고 하는 말이야. 내가 영어로 말하더라도 중국어로 대답하는 사람이 많아. 그럴 땐 '음섹텡'이라고 말하면 돼!

이것
呢個
이거/니거

출구
出口
첫하우

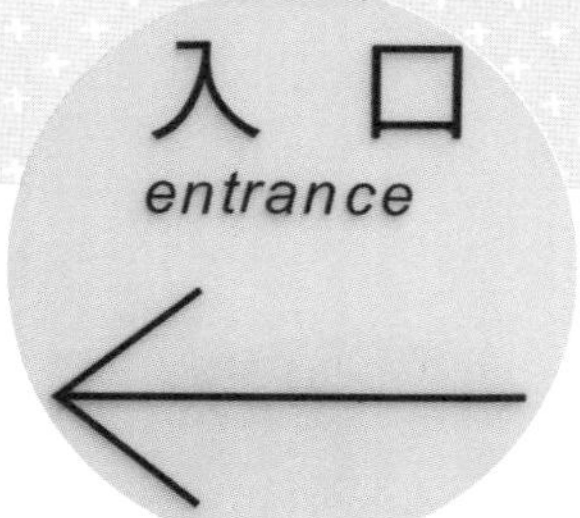

입구
入口
얍하우

맛있는 홍콩

딤섬 Dim Sum

딤섬은 우리말의 점심 點心과 같은 한자인데, '마음에 점을 찍듯 먹는 간단한 식사'라는 뜻이야. 아침과 점심 사이, 점심과 저녁 사이 간단하게 먹는 음식이야. 그래서 점심에만 딤섬을 파는 식당들이 많아.

▼ 새우살이 가득한 〈하가우〉

▲ 단짠단짠이 매력적인 〈차슈바오〉

▲ 얇은 찹쌀피 위에 맛있는 간장 소스를 뿌려 먹는 〈청펀〉

▲ 찹쌀에 고기, 해산물, 밤 등을 넣고 연잎으로 감싸 쪄낸 연잎밥 〈로마이까이〉

▲ 중국의 브로콜리를 데쳐서 굴 소스에 찍어 먹는 〈초이삼〉

돼지고기랑 새우살 등이 들어간 〈슈마이〉 ▶

딤섬과 함께 차를 마시는 것을 '얌차(飮茶, 차를 마시다)'라고 해. 홍콩에서 '같이 얌차 한번 하자'는 말은 차와 함께 간단한 딤섬을 여유롭게 즐기자는 의미야.

▲ 우리가 먹기엔 자스민 차가 카페인도 없고 부드러워서 좋아.

▲ 찻잔 말고 큰 용기가 있는데, 찻물을 큰 용기에 담아 수저와 식기를 행궈~!

▲ 테이블에 젓가락이 두 벌씩 있다면, 하나는 음식을 덜어 올 때, 하나는 개인용으로 써.

미쉐린 가이드가 뭐야?

100년 넘게 세계 최고의 미식가들이 뽑은 맛집 지침서야.
홍콩은 미쉐린 가이드 선정 레스토랑이 많아!

미쉐린 별1개
요리가 훌륭한 식당

미쉐린 별2개
요리를 맛보기 위해 멀리서도 찾아갈 곳

미쉐린 별3개
이곳에서 식사하려고 여행을 떠날 정도로 훌륭한 맛집

차찬텡에는 빵 종류의
가벼운 메뉴부터 제대로
된 식사 메뉴까지
다양해.

홍콩에서 가장 보편적인 식당의 형태 중 '차찬텡'이라고 있어. 중국과 영국의 음식을 한곳에서 즐길 수 있는 곳인데, 음식에 밀크티 같은 차를 곁들여 먹는 현지 식당이야.

프렌치 토스트

달걀을 입혀 구워 낸 식빵 위에 고소한 버터가 사르르 녹아~.

생소하게 생겼지만
먹을수록
중독돼~!

밀크티

홍콩 스타일의 밀크티는 홍차에 우유 대신 연유를 넣어. 무가당 연유라 달지 않고 고소해.

마카로니 수프

치킨 육수에 마카로니와 햄을 넣어 먹는 재미있는 음식이야.

파인애플 번

빵의 윗부분이 파인애플 겉면처럼 생겨서 붙여진 이름이야. 큼직한 빵 사이에 두툼한 버터 한 조각이 들어 있어.

똥랭차

차에 얼음과 레몬을 넣은 시원한 음료. 기호에 따라 설탕을 넣어 달짝지근하게 마시기도 해. 홍콩 사람들이 물보다 많이 마시는 음료라 할 정도로 계절과 관계없이 즐겨 마셔.

완탕면

새우 향이 느껴지는 해물 육수에 완탕과 면이 들어있어.

콘지

우리나라의 흰죽과 비슷하게 생겼지만, 맛은 전혀 달라. 죽을 육수로 끓여서 부드럽고 고소하면서 맛있어.

에프터눈 티

에프터눈 티는 영국 귀족들이 즐기던 간식문화였어. 차와 다과를 곁들인 간식 겸 식사야. 홍콩이 영국 식민지였을 때 들어와 지금까지도 홍콩 사람들뿐 아니라 전 세계 사람들에게 사랑을 받고 있어.

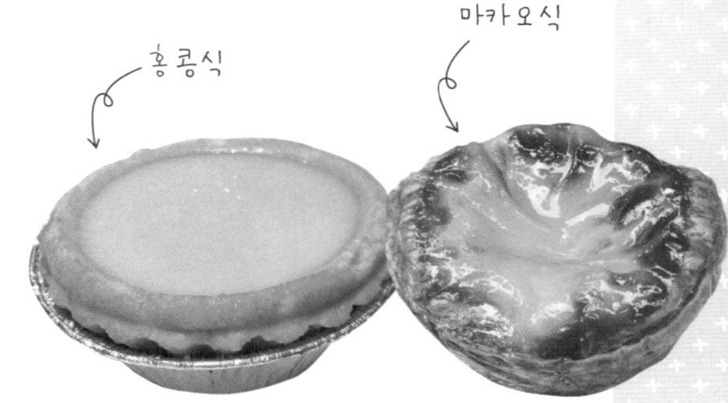

에그타르트

홍콩에는 홍콩식과 마카오식 에그타르트 두 가지가 있어. 홍콩식은 쿠키 같은 질감에 달걀의 고소한 맛이 강하고, 마카오식은 바삭한 패스트리 식감에 필링 윗 부분이 그을려져 있는 게 특징이야.

우유 푸딩

고소함의 수준이 다른 홍콩식 디저트야.
부드럽고 고소하고 달달함에 중독돼!

편의점 간식

홍콩에서 생산된
신선한 구룡우유
우유병이 너무 귀여워~.

알로에 알갱이가 들어있는
진한 망고주스
달콤하고 진~짜 맛있어!

홍콩 브랜드의 고소하고 진한
우유 아이스크림
초콜릿, 망고, 타로맛도 있어~.

현지인의 사랑을 듬뿍 받는
초콜릿맛 캔디
과자인듯 사탕인듯 매력적이야!

일본 브랜드지만 홍콩에서만 파는
열랑(熱浪) 감자칩
많이 맵지 않아~. 도전!

홍콩에서 꼭 사오는
헬로키티 딤섬면 컵라면
헬로키티 스티커도 들어있어~.

홍콩의 이색 장소

금붕어 거리 Goldfish Street

홍콩은 반려동물로 개·고양이를 제치고 물고기가 1위를 차지할 정도로 물고기에 대한 사랑이 대단해. 생활하는 공간이 좁아 작은 물고기를 키우는 이유도 있지만, 옛날부터 집에서 물고기를 키우면 부와 건강을 가져다준다고 믿었기 때문이기도 해. 홍콩인의 사랑을 듬뿍 받는 물고기를 만날 수 있는 곳이 있는데, 바로 금붕어 마켓 거리야. 오색빛깔 다양한 종류의 물고기가 투명한 비닐 속에 포장돼 주렁주렁 진열된 모습을 볼 수 있어.

원더랜드 슈퍼스토어 Wonderland Superstore

<곰돌이 푸>의 티거와 <토이 스토리>의 버즈가 반겨주는 입구를 보는 순간 두근두근 설레는 곳이야. 장난감, 피규어, 로봇, 인형, 문구류 등이 가득한 대형매장으로, 아이들이 좋아하는 것은 다 모여 있어. 특히 요즘 핫한 포켓몬 카트 팩(TCG)의 영문·일본어·홍콩판과 포켓몬 장난감 등 다양하게 구비돼 있어.

초이홍 아파트
Choi Hung Estate

'무지개 아파트'라는 별명을 가진 아주 예쁜 아파트! 층층이 무지개빛 아파트를 배경으로 멋진 사진을 찍을 수 있어서 홍콩의 인생샷 성지이자, 최고의 포토스폿으로 유명해. 농구장의 농구대 앞에서 인생샷을 찍어 봐!

옹핑 빅 부다 Ngong Ping, Big Buddha

디즈니랜드가 있는 란타우섬에는 세계 최대 규모의 청동 좌불상이 있어. 25분 가량 케이블카를 타고 옹핑 마을에 내려 260개의 계단을 올라야 만날 수 있는, 높이 34m의 불상이야. 엄청난 크기 때문에 빅 부다(Big Buddha)라는 별명을 가지고 있지만, 진짜 이름은 '천단대불(Tian Tan Buddha)'이야.

힘들게 계단을 오른 보람이 있어~! 불상도 파노라마 뷰도 멋져!

안녕.

나는 홍콩섬에 사는 11살 피터 챈이라고 해.

내가 사는 홍콩섬에는 여행할 만한 곳이 정말 많아.

높고 멋있는 빌딩도 많고 푸르른 산도 있는, 여러 색깔을 가진 곳이야.

그중에서도 홍콩하면 꼭 가봐야 하는 곳이 있어. 바로 빅토리아 피크야.

홍콩섬에서 가장 멋진 곳이자, 가장 높은 곳이라서 홍콩을 한눈에

내려다보기에 딱이거든. 그래서 홍콩에 여행 온 사람들이 제일 많이

찾는 곳이기도 해. 그런데 이 높은 곳에 어떻게 올라가냐고?

걱정하지 마! 기차 모양의 트램을 타면 정상까지 갈 수 있거든!

기차를 타고 산을 올라간다니, 상상만 해도 너무 재밌지 않아?

여기에서 보는 야경도 아름다운 걸로 엄청 유명해.

낮이든 저녁이든 빅토리아 피크는 언제 가도 좋아!

홍콩을 한눈에 담고 싶다면 무조건 go, go, go!

Victoria Peak

홍콩을 한눈에
담을 수 있는 곳

빅토리아 피크

香港
루가드 로드 산책로
피크 타워
라이언스 파빌리온

피크 트램

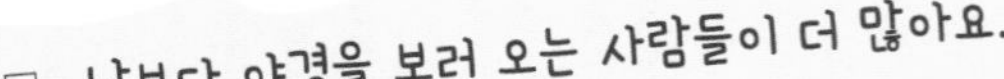

- □ 낮보다 야경을 보러 오는 사람들이 더 많아요.
- □ '심포니 오브 라이트'를 하는 시간에는 사람들이 정말 많아요. 꼭 부모님 옆에 있도록 해요.
- □ 여름 야경을 즐길 때에는 모기기피제가 필요해요.
- □ 한국어가 지원되는 '오디오 시티 가이드'를 대여할 수 있어요.
- □ 피크 트램과 피크 타워에서는 Wi-Fi를 무료로 이용할 수 있어요.

빅토리아 피크

홍콩하면 여기가 1번 ★ 빅토리아 피크는 홍콩을 방문하는 거의 모든 관광객이 찾는 랜드마크다. ★ 19세기 초, 유럽인들은 홍콩의 덥고 습한 기후를 피하면서, 인구가 집중된 도시 중심부에서 벗어나기 위해 피크(peak, 산 정상)에 살기 시작했다. 이곳만의 멋진 도시 전망은 사람들을 모이게 한 또 다른 중요한 이유였다. ★ 당시에는 피크를 오갈 수 있는 교통수단이 가마밖에 없어서 아주 부유한 사람들만 이곳에 살 수 있었다. 하지만 1888년에 피크 트램이 개통되면서 이곳에 거주하려는 사람들이 늘어났다. ★ 여전히 고급 주택이 모여 있는 피크는 홍콩 최고의 전망을 볼 수 있는 곳으로, 트램과 함께 가장 인기 있는 여행지로 손꼽히고 있다.

빅토리아 피크에서 따라해 보기

□ '피크 트램 역사 갤러리'에서 기념사진 찍기

□ 피크 트램을 타면 오른쪽 자리에 앉아서 산으로 쓰러지는 빌딩 구경하기

□ 루가드 로드 산책 코스 또는 라이언스 파빌리온에서 전망 바라보기

□ 피크 타워 우체국(P1층, P116호)에서 기념 스탬프 찍기

□ 피크 타워 우체국에서 예쁜 기념엽서에 편지를 써 보내기

□ 스카이 테라스 428 전망대에서 멋진 전망 보기

피크 트램 The Peak Tram

기차를 타고 가파른 산을 올라가~

빅토리아 피크로 가는 가장 매력적인 방법. 기차 모양의 트램이 가파른 경사를 천천히 올라간다. 피크 트램은 1881년 알렉산더 핀들레이 스미스의 제안으로 건설된 후, 130년 이상 센트럴과 정상(해발 396m)을 왕복하며 사람들을 실어 나르고 있다. 트램을 타면 오른쪽 줄에 앉아보자. 올라가는 동안 오른쪽 창문을 통해 홍콩섬 시내를 볼 수 있을 뿐만 아니라, 높은 빌딩들이 피크를 향해 쓰러지는 듯한 '피크 트램 착시 현상'을 경험할 수 있다.

★ 피크 트램을 기다리는 줄이 길다면, 승차 대기줄 오른쪽에 있는 '피크 트램 역사 갤러리'로 가 봐. 제1세대 피크 트램의 모습도 구경하고, 트램을 배경으로 인증샷도 남겨보는 건 어때?

● 2층 버스를 타고 빅토리아 피크로~

피크 트램의 대기 줄이 걱정이라면, 버스는 어떨까? 센트럴 스타 페리 선착장 6번 부스 앞 버스터미널에서 15번 시티버스를 타자. 이 버스는 2층 버스다! 높은 2층에 앉아 가파른 산길을 오르내리는 것도 피크 트램 못지않게 엄청 재미있는 경험이 된다.

피크 타워 The Peak Tower

중국식 프라이팬을 닮은 멋진 전망대

피크 타워는 홍콩 최고의 명소이자, 홍콩에서 가장 스타일리시한 건축물 중 하나다. 중국식 프라이팬인 웍(wok)의 모양을 본떠 디자인한 현대 건축물로, 홍콩을 대표하는 사진과 기념엽서에 빠지지 않고 등장한다. 피크 타워 꼭대기 층에 전망대 '스카이 테라스 428'이 있고, 내부에는 다양한 즐길 거리와 레스토랑, 상점 등이 있다.

여기가 전망대야!

피크 트램에서 내리면 바로 피크 타워로 연결돼.

● 스카이 테라스 428

Sky Terrace 428

피크 타워 꼭대기에 있는 야외 전망대. 홍콩에서 가장 높은 전망대로, 탁 트인 공간에 360도 파노라마 도시 전망을 볼 수 있다. 이름의 '428'은 전망대가 해발 428m 높이라는 의미다.

Say I Love You at the Peak 에 마련된 하트 모양의 종이에 사랑의 메시지를 적어 매달 수도 있다.

● 놀라운 3D 어드벤처

Madness 3D Adventure

홍콩 현지 아티스트가 홍콩을 주제로 만든 3D 아트워크 트릭 뮤지엄. 독특하고 흥미로운 홍콩 모습을 배경으로 나만의 특별한 사진을 남겨 보자.

● 마담 투소 홍콩

Madame Tussauds Hong Kong

실제로 살아 숨 쉬는 것 같이 정교하게 만들어진 유명인 피규어와 인증샷을 남길 수 있는 곳. 우리에게도 친숙한 한류 스타와 애니메이션 캐릭터도 인기 만점이다. 홍콩에서 만난 영국 왕실 가족 피규어는 홍콩의 역사를 생각하면 그 느낌이 남다르다.

● 재미있는 순간 셀카 스튜디오

Amusing Moment Selfie Studio

옛 홍콩 모습을 배경으로 영화 같은 사진을 찍을 수 있다. 부스마다 전문 스튜디오 못지않은 조명이 비추고, 서로 다른 배경 음악도 흘러나온다. 홍콩 배우가 된 것처럼 사진을 찍어 보자.

Post Love to the Future

미래의 나를 위해, 혹은 사랑하는 가족이나 친구를 위해 예쁜 엽서를 보내 보자. 생일, 기념일 등 원하는 날짜에 맞춰 엽서를 보내주는 특별한 우체국이다.

● 기념품 숍

피크 타워에서 전망대만큼이나 사람들로 붐비는 곳이 있다. 바로 기념품 숍! 아기자기하고 소소한 기념품들로 가득한 상점이 여럿 모여 있으니 발길이 머무는 곳에 들어가 보자.

라이언스 파빌리온

Lion's Pavilion

또 다른 매력의 전망 포인트

피크 타워를 나와 숲길을 조금 올라가면 중국풍의 작은 정자(Pavilion)가 나온다. 라이언(Lion, 사자)이라는 이름처럼 난간 곳곳에 귀여운 작은 사자 석상이 있다. 여기서 내려다 보는 도시와 항구의 모습은 피크 타워만큼이나 아름답다. 전망을 배경으로 기념사진을 찍고 싶다면 이곳을 추천한다.

★ 정자 맞은편에는 수공예 기념품을 파는 가판이 있어 구경하는 재미도 있어.

루가드 로드 전망대

Lugard Road Lookout

숲 사이 숨겨진 역대급 야경

현지인들의 산책 코스로 유명한 루가드 로드. 이 코스를 따라 15~20분 정도 걸어가면 역대급 전망을 볼 수 있다. 건물 중심의 피크 타워 전망과 달리, 이곳에서는 빅토리아 하버(Victoria Harbour)가 시작되는 곳부터 항구 전체를 숲 사이로 볼 수 있다. 카메라로 홍콩 전체를 담으려는 사람들은 타워 전망대보다 이곳을 더 좋아한다.

피크 트램에서 알게 된 과학의 원리

피크 트램을 타면 밖이 이상하게 보여

트램은 저녁에 타면 낮보다 착시현상이 더 크게 느껴져.

피크 트램을 타면 서 있기 힘들 정도로 경사가 가파르다. 실제 언덕의 경사는 4~27도지만 우리가 몸으로 느끼는 경사는 45도이다. 트램을 타고 올라갈수록 점점 경사가 심해지는데, 경사가 가팔라질수록 창밖으로 보이는 건물들이 이상하게 보이는 믿을 수 없는 경험을 할 수 있다.

★ 피크 트램을 타고 언덕을 오를 때, 트램의 오른쪽 창밖을 봐. 고층 건물들이 마치 언덕 쪽으로 기울어 쓰러지는 것처럼 느껴져. 이런 현상을 '착시 현상'이라고 해. 실제와 다른 것처럼 느끼는 신기한 현상이야.

의자에 등을 바짝 기대고 앉아야 해~!

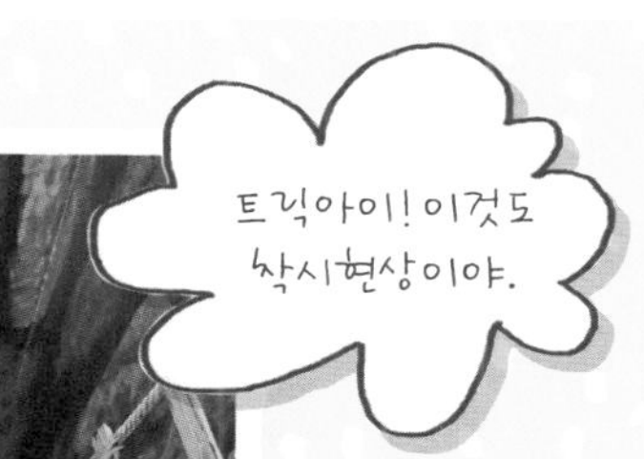

트릭아이! 이것도 착시현상이야.

왜 이렇게 보이는 거야?

우리는 사물을 보고 판단하는 것이 눈이라고 생각하지만, 사실 눈은 사물을 보는 역할만 하고 사물의 형태나 색상 등을 인식하는 것은 '뇌'다. 가파른 경사를 오를 때, 트램 안 우리의 몸이 뒤로 쏠리면 뇌가 인식하는 각도에 착각을 일으켜 실제와는 다르게 보이는 현상이 일어나게 되는 것이다.

A Symphony of Lights

10분 동안 펼쳐지는
환상적인 불빛 쇼

심포니 오브 라이트

안녕. 난 엘리라고 해.

네가 홍콩에 온다니 정말 정말 환영해!

홍콩에서 꼭 봐야 할 한 가지를 고르라고 한다면,

나는 세계 최고인 홍콩의 야경을 보라고 말할 거야!

이곳 야경이 왜 아름답냐고? 바로 항구 주변의 빼곡한 빌딩 때문이야.

홍콩에 와 본 사람들은 모두 '스카이라인'이 예쁘다고 말해.

스카이라인은 건물과 하늘이 만나는 지점들을 연결한 선이야.

한낮에는 건물들이 햇빛을 받아 눈부시게 반짝이고,

해가 진 뒤에는 건물마다 하나둘 켜지는 오색빛깔 등불이 별빛 같아.

특히 매일 밤 8시에 빅토리아 하버에서 열리는

'심포니 오브 라이트'는 놓치지 말고 꼭 보도록 해.

화려한 레이저 불빛들이 음악에 맞춰 춤을 추듯 움직이거든.

야경만으로도 멋진데 레이저 쇼까지 더하면 얼마나 환상적이겠어.

다른 건 못 보더라도 이건 꼭 봐야 해, 알았지?

- □ 심포니 오브 라이트는 매일 밤 8시에 시작해요.
- □ 보는 장소마다 느끼는 감동이 달라요.
- □ 미리 자리를 잡고 대기하는 것이 좋아요.
- □ 많은 사람들이 몰릴 수 있으니, 부모님 곁에 꼭 붙어있어야 해요.
- □ 한국어로 된 안내 방송이 없어요. 쇼 정보를 미리 알고 가면 더 재미있을 거예요.

심포니 오브 라이트

빛으로 수놓은 홍콩의 밤 ★ 매일 밤 8시, 하늘로 쏘아진 레이저를 시작으로 빅토리아 하버(harbour, 항구)를 둘러싼 40개 이상의 빌딩이 일제히 음악에 맞춰 화려한 레이저와 LED 조명을 뽐내며 10분여 동안 환상적인 쇼를 연출한다. ★ 심포니 오브 라이트는 2004년 처음 대중에게 선보인 이후로 지금까지 홍콩의 대표 볼거리로 손꼽히며 많은 여행객의 시선을 사로잡는다. '깨어남, 에너지, 유산, 동행, 축제'를 주제로 한 불빛 쇼는 월·수·금요일에는 영어로, 화·목·토요일에는 중국어로 해설을 제공한다. ★ 어디에서 쇼를 관람하는지에 따라 그 매력이 달라지기 때문에, 우리 가족의 여행 동선에 따라 가장 잘 즐길 수 있는 장소를 미리 알아보고 가도록 하자.

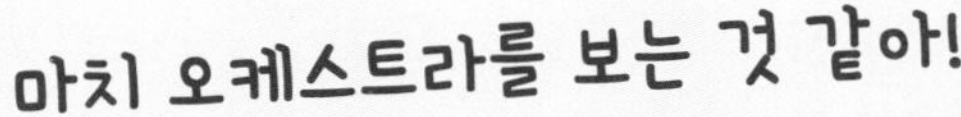

마치 오케스트라를 보는 것 같아!

심포니 오브 라이트는 항구 주변의 건물들이 일제히 같은 음악에 맞춰 LED 조명과 레이저 불빛으로 깜깜한 하늘을 화려하게 수놓는 공연이다. 쇼의 감동을 더하는 음악은 홍콩 필하모닉 오케스트라를 포함한 100명 이상의 음악가가 함께 작업한 작품이다. 특히 중국 전통 현악기 얼후(Erhu)와 피리 소리 등을 결합해, 중국만이 표현할 수 있는 독특하고 매력적인 음악으로 여행객의 눈과 귀를 감동하게 한다.

불꽃놀이와 레이저 쇼를 한번에~

매년 12월 31일, 빅토리아 하버에서 심포니 오브 라이트가 끝나면 밤 11시 40분부터 새해 카운트다운 행사가 열린다. 새해 0시가 되면 16개의 고층빌딩에서 불꽃이 힘차게 솟아오르고, 2분 동안 화려한 불꽃놀이가 펼쳐진다.

심포니 오브 라이트 때 어느 건물을 봐야 할까?

심포니 오브 라이트에 참여하는 건물들은 빅토리아 하버를 대표하는 건축물이다. 독특한 모양으로 디자인된 고층빌딩들은 특색 있는 외관만큼이나 흥미로운 건축 이야기도 가지고 있다. 심포니 오브 라이트를 가장 잘 볼 수 있는 장소로는 침사추이 워터프론트 공원과 스타의 거리에서 홍콩섬을 바라보는 게 대표적이다. 그때 볼 수 있는 주요 건축물을 알아보자.

홍콩 사람들은 칼날 모양의 뾰족한 건물이 좋지 않은 기운을 불러온다고 생각했대. 그래서 제일 윗 층에 연못을 만들어 나쁜 기운을 흡수하도록 했대.

홍콩에서 세 번째로 높은 건물. 46층에 무료 전망대가 있다.

센트럴 프라자

원통형의 하얀 건물. 담배와 성냥을 닮아 풍수적으로 불의 기운이 강해 좋지 않다고 생각했다. 그 기운을 누르기 위해 옥상에 수영장을 만들었다고 한다.

호프웰 센터

코알라가 매달려 있는 모습 같아서 '코알라 빌딩'으로도 불린다.

리포 센터

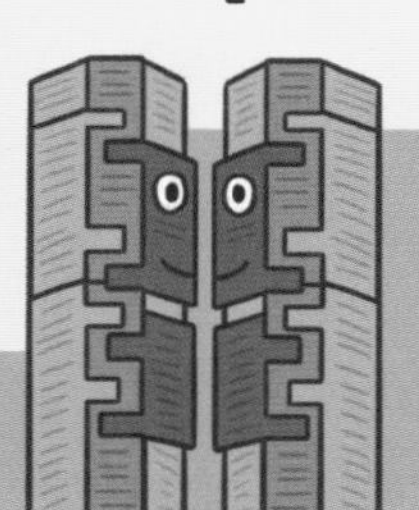

파리 루브르 박물관의 유리 피라미드를 설계한 작가의 작품으로 유명하다. 경제가 대나무처럼 쑥쑥 성장하기를 바라는 소망을 담아 대나무 모양을 본떠 건물을 지었다.

중국은행 타워

많은 할리우드 영화에 등장한 빌딩.
홍콩에서 두 번째로 높다.
빌딩 꼭대기에 뾰족한
사자 발톱 모양을
찾아보자.

2 IFC

팔각형 모양의
독특한 건물. 밤에는
네온 조명이 건물의
옆면을 오르락내리락
움직인다.

더 센터

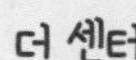

푸시팝 같기도 하고
치즈 구멍 같기도 한
동그란 창문이 특징.
'자딘'은 중국과 영국
사이에 무역했던 상인의
이름이다.

자딘 하우스

건물 옥상에서 대포 모양의
크레인을 찾아보자.
칼날처럼 뾰족한 중국은행
타워의 나쁜 기운이 오지
못하도록 대포로 막는
의미가 있다.

HSBC 빌딩

가장 멋진 야경을 볼 수 있는 장소를 찾아보자.

낮에는 홍콩의 스카이라인을, 밤에는 홍콩의 야경을 즐길 수 있는 멋진 곳이야!

침사추이 해변 산책로

홍콩 야경은 여기가 최고~

심포니 오브 라이트를 가장 잘 볼 수 있는 대표 장소 중 하나다. 홍콩 예술 박물관과 시계탑 사이에 있는 침사추이 산책로가 관람하기 좋은 곳인데, 그중에서도 시계탑 바로 옆, 침사추이 스타 페리 터미널에 가까운 전망대 자리는 최고의 관람석이다. 그러다 보니 쇼 시작하기 30~40분 전부터 기다리는 사람들로 붐빈다.

이 시계탑은 침사추이 산책로의 랜드마크야!

● 침사추이 시계탑

홍콩의 구룡 지역(Kowloon)과 중국 광저우(Canton) 지역을 잇는 철도의 시계탑이었다. 1977년 기차역은 철거돼 없어졌지만, 시계탑은 지금까지 보존되고 있다. 이 시계탑의 시계는 홍콩이 일본에 점령당했던 기간을 제외하고는 한 번도 멈춘 적이 없다고 한다.

● 스타의 거리

해안을 따라 나 있는 이 산책로에는 해외 유명 스타들의 손도장(핸드 프린트)이 꾹꾹 찍혀 있다.

나이트 크루즈 & 하버 투어

배 위에서 즐기는 야경

바다 위에서 배를 타고 야경을 보면 더 멋지지 않을까? 빅토리아 하버에서 크루즈를 타면 구룡반도와 홍콩섬 양쪽의 도시 야경을 모두 구경할 수 있다. 특히 심포니 오브 라이트 시간에 맞춘 하버 투어가 인기다.

★ 배의 머리나 꼬리 쪽에서 심포니 오브 라이트를 가장 잘 볼 수 있어.

음료 한 가지를 무료로 마실 수 있어.

● 홍콩 오리엔탈 펄 하버 크루즈

우아하고 고급스러운 느낌의 4층짜리 대형 크루즈. 실내에 에어컨이 있어 여름에는 시원하게 야경과 쇼를 관람할 수 있고, 선상에서는 바닷바람을 맞으며 탁 트인 전망을 즐길 수 있다.

● 아쿠아루나 하버 크루즈

아쿠아루나라는 이름의 중국 전통 목조 범선(정크보트)을 타고 항구를 돌아보는 인기 여행 코스. 1955년에 만들어진 덕링호(Dukling)를 재현해 낸 것으로, 옛 해적선 느낌의 빨간색의 돛(sail)과 중국 전통 실내 장식들이 분위기를 한층 돋보이게 한다.

엑스포 산책로

현지인이 찾는 최고의 장소

홍콩 컨벤션 센터부터 완차이까지 길게 연결된 엑스포 산책로는 위치마다 즐길 수 있는 재미가 다르다. 홍콩 컨벤션 센터에 가까울수록 심포니 오브 라이트의 배경음악이 더 커지고 홍콩섬과 구룡반도의 야경을 모두 볼 수 있다. 반면, 완차이 방면으로는 곳곳에 마련된 쉼터에서 여유롭게 구룡반도와 서구룡의 야경을 즐길 수 있다. 이곳은 홍콩에서 1년에 두 번 펼쳐지는 불꽃 축제의 명당으로도 유명하다.

빅토리아 하버와 구룡반도의 야경을 동시에 감상할 수 있는 완벽한 장소야!

중국 국기와 홍콩기가 함께 게양돼 있어. 매일 아침 국기 게양식도 볼 만해!

● 골든 보히니아 광장

홍콩 컨벤션 센터 쪽 산책로에는 황금색 꽃 모양의 동상이 세워진 광장이 있다. 순금으로 만든 6m짜리 꽃 조형물의 이름은 '골든 보히니아'. 홍콩을 상징하는 꽃, 자형화(紫荊花, Bauhinia)를 표현한 것으로, 1997년 홍콩이 중국으로 반환된 것을 기념해 세워졌다.

● 어드밴스 산책로

홍콩 컨벤션 센터와 타마(Tamar) 공원을 잇는 산책로는 어린이 친화적인 녹지 공간으로 인기가 많다. 바다 전망도 좋지만, 산책로를 따라 다양한 놀이시설과 쉼터, 조형물이 조성돼 가족과 시간을 보내기 좋다.

홍콩 대관람차

하늘에서 아찔하게 즐기는 야경

홍콩 야경 사진에 꼭 등장하는 오색 불빛의 홍콩 대관람차! 침사추이 쪽에서 화려하게 빛나는 동그란 대관람차를 보는 것도 멋있지만, 직접 60m 높이의 대관람차에 올라타서 내려다보는 빅토리아 하버의 아름다운 야경은 짜릿한 맛 그 자체다.

★ 대관람차 주변에는 회전목마 등 놀이시설이 있고 다양한 이벤트도 열려서 가족과 함께 방문하기 좋아.

빅토리아 피크

홍콩의 가장 높은 산에서 보는 야경

빅토리아 피크는 홍콩 시내는 물론, 빅토리아 하버 전체를 한눈에 볼 수 있기 때문에 다른 장소보다 더 큰 감동을 받을 수 있다. 항구와 멀리 떨어져 있지만, '심포니 오브 라이트' 앱을 다운로드 받으면, 앱을 통해 음악을 들으며 야경을 감상할 수 있다.

★ 루가드 로드 전망대에서도 환상적인 심포니 오브 라이트를 즐길 수 있어.

빅토리아 하버에서 배우는
간척사업

육지의 몸집을 키우는
간척사업

홍콩의 아름다운 야경을 자랑하는 빅토리아 하버 주변 바다의 크기가 점점 작아지고 있다. 바로 간척사업 때문이다. 홍콩은 전체 면적의 70%가 산으로 덮여 있어 사용할 수 있는 땅이 매우 부족하다. 이런 이유로 홍콩은 오래전부터 땅을 넓히기 위해 노력하고 있다.

홍콩 디즈니랜드도 간척지라고?

간척사업은 바다나 호수를 흙으로 메워서 육지로 만드는 사업이다. 홍콩은 도시개발이 이루어진 땅의 25%가 간척사업으로 만들어졌다. 홍콩 국제공항과 디즈니랜드도 간척지에 세워졌고, 빅토리아 하버 주변으로 간척사업이 가장 활발히 진행되고 있다. 이로 인해 빅토리아 하버 주변의 바다 면적은 처음보다 반으로 줄어들었다.

서구룡 문화지구도
빅토리아 하버를 매립해
만들어진 간척지야!

★ 우리나라에도 간척지가 있다는 거 알아? 고려 왕실이 몽골의 침략을 피해 강화도로 수도를 옮겼을 때부터 간척사업이 시작됐어. 오늘날에는 서해안과 남해안에서 대규모의 간척 사업이 진행되고 있어. 가장 대표적인 간척지가 새만금이야.

YES

찬성 vs 반대 간척사업, 어떻게 생각해?

간척사업이 없었다면, 홍콩은 글로벌 도시로 발전할 수 없었을 것이다. 하지만, 간척사업에 대한 반대 목소리도 컸다. 1995년부터 간척사업이 항구의 해양 생태계를 파괴한다는 주장이 등장하면서 1996년 '항구 보호법'이 제정됐다. 그 후 지금까지도 빅토리아 하버의 환경을 보호하기 위한 대책을 논의해오고 있다.

인공적인 개발이나 확장보다 습지나 갯벌을 지키는 것이 더 경제적인 가치를 가지기도 해.

파괴된 환경을 되돌릴 수 있을까?

역간척은 간척사업으로 생긴 제방이나 땅을 간척하기 이전의 상태로 되돌려 놓는 것이다. 네덜란드는 간척사업으로 국토를 확장한 대표적인 나라지만, 간척지 주변의 수질 오염이 심각한 수준에 이르자 방조제를 열거나 허물어 갯벌을 복원했다. 그 결과, 오염지의 수질이 다시 좋아지고 해양 생태계를 복원할 수 있었다.

Sheung Wan & Centeral

셩완 & 센트럴

옛 홍콩의 모습을 간직한 올드 타운

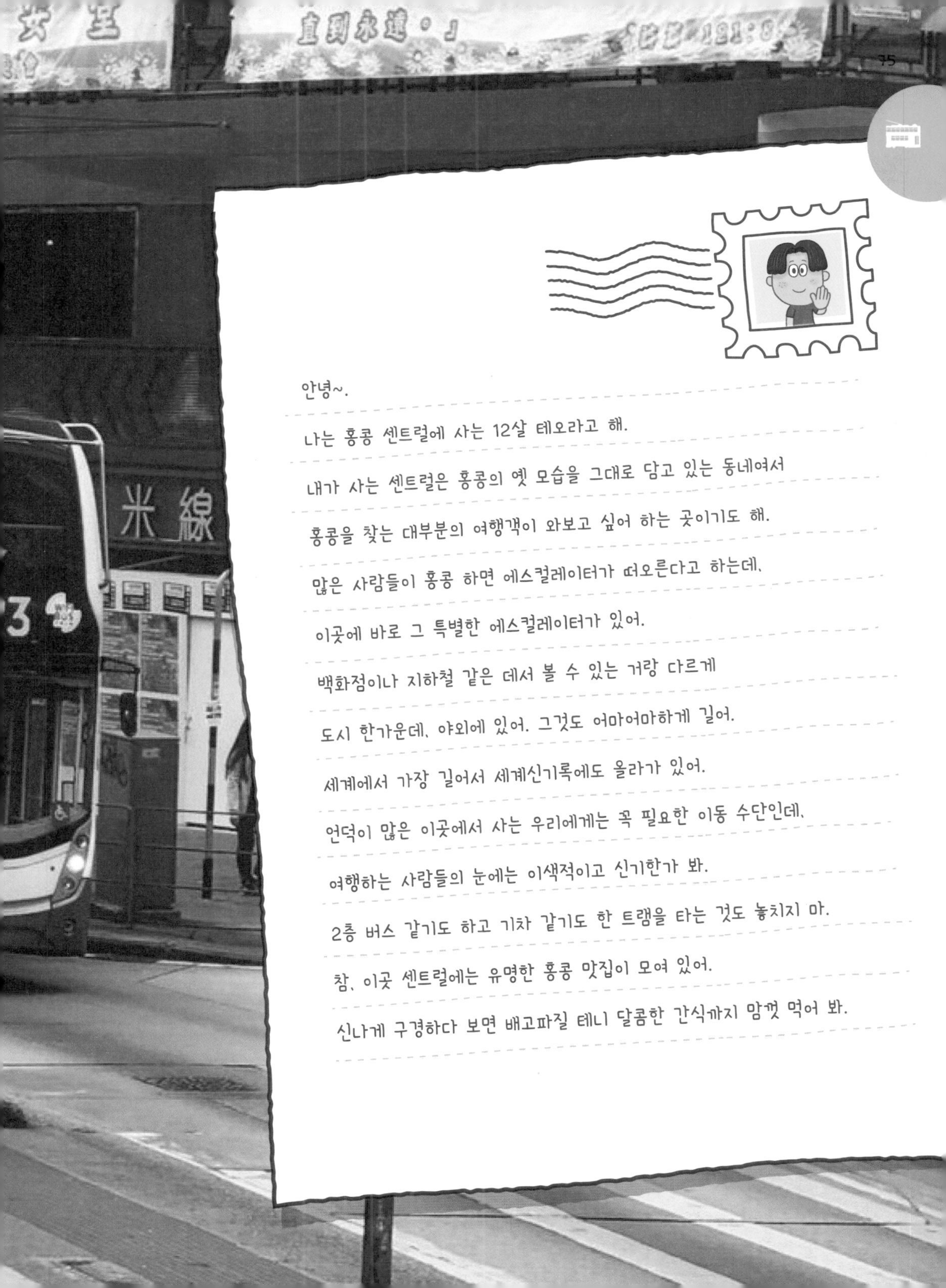

안녕~.

나는 홍콩 센트럴에 사는 12살 테오라고 해.

내가 사는 센트럴은 홍콩의 옛 모습을 그대로 담고 있는 동네여서

홍콩을 찾는 대부분의 여행객이 와보고 싶어 하는 곳이기도 해.

많은 사람들이 홍콩 하면 에스컬레이터가 떠오른다고 하는데,

이곳에 바로 그 특별한 에스컬레이터가 있어.

백화점이나 지하철 같은 데서 볼 수 있는 거랑 다르게

도시 한가운데, 야외에 있어. 그것도 어마어마하게 길어.

세계에서 가장 길어서 세계신기록에도 올라가 있어.

언덕이 많은 이곳에서 사는 우리에게는 꼭 필요한 이동 수단인데,

여행하는 사람들의 눈에는 이색적이고 신기한가 봐.

2층 버스 같기도 하고 기차 같기도 한 트램을 타는 것도 놓치지 마.

참, 이곳 센트럴에는 유명한 홍콩 맛집이 모여 있어.

신나게 구경하다 보면 배고파질 테니 달콤한 간식까지 맘껏 먹어 봐.

- ☐ 오르막이 많은 곳이에요. 편한 운동화를 신어요.
- ☐ 다양한 홍콩 음식에 도전할 기회에요!
  그러니 한 번에 너무 많이 먹지 않도록 해요.
- ☐ 길이 가파르고 복잡한 지역이에요.
  미리 가고 싶은 곳을 정해 최적의 동선을 짜요.

셩완 & 센트럴

올드 타운 센트럴 ★ 셩완과 센트럴은 홍콩에서 가장 오래됐지만 가장 활기찬 지역이다. '올드 타운 센트럴(Old Town Centeral)'이라고도 불리는데, 홍콩을 좋아하는 많은 사람들이 가장 사랑하는 곳이다. ★ 올드 타운은 서로 다른 특성이 조화롭게 어울리는 곳이다. 현대적 상점과 100년 된 사원이 함께 있고, 역사적 건물이 현대적인 문화 공간으로 개조되고, 그래피티가 그려진 오래된 골목을 걷다 보면 전통 티하우스 옆으로 미쉐린 가이드에 선정된 근사한 레스토랑이나 세계적 수준의 아트 갤러리도 볼 수 있다. ★ 옛것과 새것, 동양과 서양, 글로벌함과 홍콩 고유의 멋이 한데 어우러진 이곳은 세계 어디에서도 만날 수 없는 홍콩만의 매력을 뽐내고 있다.

홍콩에서 가장 오래된 사원, 만모사원 Man Mo Temple

셩완에는 홍콩에서 가장 성스러운 도교 사원인 만모사원이 있다. 홍콩에서 가장 오래된 사원으로, 1847년에 세워졌으며 홍콩역사기념물로 지정됐다. 만모는 문학의 신 '만'과 전쟁의 신 '모'를 의미하는데, '무예의 신' 관우와 '학문의 신' 문창제를 모시고 있다.

천장에 매달린 소용돌이 모양의 향이 신기하지? 여기서 떨어지는 재를 맞으면 소원이 이루어진다는 속설이 있대.

Discover Hong Kong's Living History
Welcome to Hong Kong
만모 사원
타이쿤
HONG KONG 홍콩

셩완 & 센트럴
奇華餅家
I ♥ HK
미드레벨 에스컬레이터

뭐 하지?

세상에서 가장 긴 에스컬레이터를 타고
홍콩의 올드타운을 누벼 봐~!

미드레벨 에스컬레이터 타기

너무 너무 너무 너무 길어~

세계에서 가장 긴 야외 에스컬레이터. 총 길이는 800m 이상이고, 지상으로부터 135m 이상 높이까지 올라간다. 매일 언덕길을 오르내려야 하는 사람들의 편의를 위해 1993년에 만들어졌다. 중간에 타고 내릴 수도 있고, 쇼핑몰이나 건물로도 연결돼 있어 편하게 이동할 수 있다.

★ 이 에스컬레이터는 올라가는 방향과 내려가는 방향의 운행 시간이 달라. 오전 6시부터 오전 10시까지는 내려가는 방향, 오전 10시 30분부터 자정까지는 올라가는 방향을 운행해.

트램 타기

놀이기구 탄 거 같아~

올드 타운에서 꼭 해야 하는 트램 타기! 느릿느릿 움직이지만, 홍콩 도심을 만끽하기에는 이보다 더 좋은 방법이 없다. 셩완에는 트램의 종점이 있어서 정차된 트램을 배경으로 인증샷을 찍을 수 있다. 좀 더 특별한 트램을 원한다면, 지붕이 없는 오픈형 투어 트램을 추천한다. 2층에서 탁 트인 시야로 홍콩 거리를 누빌 수 있다.

치파오 입기

홍콩의 전통 의상을 입고 찰칵~

홍콩의 전통 의상인 치파오를 입고 올드 타운 센트럴의 핫플레이스를 돌며 멋진 기념사진을 남겨보자. 미드레벨 에스컬레이터 부근에 있는 '20세기 연화 치파오(www.20s.hk)'에서 의상을 빌릴 수 있는데, 예약 시간보다 일찍 가면 헤어 스타일 등의 서비스도 무료로 받을 수 있다. 숍 자체가 옛 홍콩의 분위기가 나도록 꾸며져 있으니 숍에서 사진 찍는 것도 잊지 말자.

덩라우 벽화 앞에서 사진찍기

최고의 포토 스폿이야

미드레벨 에스컬레이터와 연결된 소호 거리는 특색있는 작은 가게들이 모여 있는데, 거리 곳곳에 벽화와 그래피티 작품들이 그려져 있다. 그중에서도 덩라우 벽화가 가장 유명한데, '덩라우(唐樓, Tong Lau)'는 1960년대까지 홍콩에 지어진 공동주택을 의미한다. 군데군데 칠이 벗겨져 있지만 정작 사진을 찍으면 특유의 분위기가 웬만한 기념엽서보다 더 멋스럽다.

★ MTR 사이잉푼역 내에서 B번 출구 쪽으로 가다 보면 멋진 벽화를 만날 수 있어. 좀 더 생동감 있는 벽화를 보고 싶다면 이곳을 추천해!

영국 식민지 시기의
유적지는 무엇으로 변신했을까?

타이쿤 Tai Kwun

옛 교도소가 문화예술 공간이 됐다고?

타이쿤은 홍콩이 영국의 식민 지배를 받았던 시기의 법, 형벌 제도, 교도 방식 등을 생생하게 보여주는 유적지다. 중앙 경찰 청사, 빅토리아 교도소, 중앙 치안판사 사무소 등 16개의 국가 지정 기념물이 그대로 보존돼 있다. 10여 년간의 대대적인 복원 작업을 거쳐 2018년에 복합문화예술 공간으로 다시 태어났다. 리모델링 후 여러 건축 문화상을 받으며 홍콩에서 가장 큰 인기를 누리는 곳이 됐다.

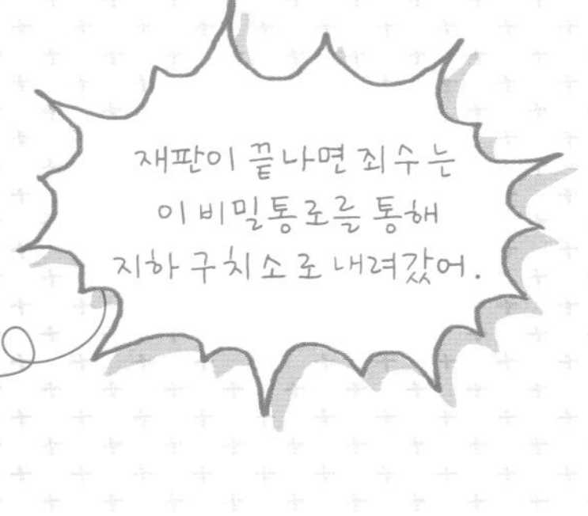

● 중앙 치안판사 사무소

영국 통치 당시
재판이 이루어졌던 곳!

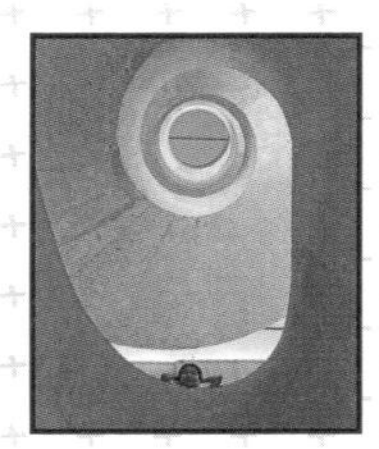

● 광장

유럽식 건축물과 널찍한 광장은 모든 사람에게 열려 있는 휴식 공간이야. 커다란 망고나무 아래, 크고 작은 카페와 레스토랑, 접이식 의자에서 간단한 음료나 음식을 즐기며 휴식 시간을 가질 수도 있어.

● 교도소 E홀
수감자들이 먹었던 음식과
벽에 남긴 실제 낙서들을
볼 수 있어.
● 교도소 A, B홀
교도소 감방을 실제로
볼 수 있어.
● 교도소 F홀
새로 온 수감자들이
수감절차를 밟던 곳이야.
● 막사 블록
경찰이 생활했던 공간.
타이쿤의 가장 메인
빌딩이야.
E
F
B
A
베트남의 혁명가이자
정치가인 호치민은 매일 15분 동안 좁은
안뜰에서 운동했다고 일기에 썼어.
그 느낌이 마치 우물 바닥에 있는 것
같았다고 기록했어.
중앙 치안판사
사무소
막사 블록
광장
무기고
● 무기고
경찰이 사용했던 방패,
투구, 총기류 등이
전시돼 있어.
중앙 경찰청사

린흥귀 Lin Heung Kui

카트에서 원하는 거 골라 골라~

센트럴과 셩완에는 전통 방식의 딤섬 레스토랑부터 캐릭터 모양의 딤섬을 판매하는 곳까지, 다양한 딤섬 가게들이 모여 있다. 이곳은 전통 방식으로 딤섬을 판매하는 곳으로, 여전히 딤섬을 카트에 싣고 서빙하는 모습을 볼 수 있다. 지나가는 카트를 세워서 직접 눈으로 보고 원하는 딤섬을 골라보자. 맛있는 딤섬도 먹고 옛 홍콩의 딤섬 가게 분위기도 느낄 수 있다.

● 얌차 Yum Cha

귀여운 캐릭터 모양의 딤섬을 판매하는 곳이다. 아까워서 먹지 못할 만큼 귀여운 딤섬 덕분에 인스타그램에서 핫한 곳이다. 홍콩 정통 딤섬의 맛이 아니지만, 눈이 즐거운 딤섬을 찾는다면 이곳을 가보자.

● 팀호완 Tim Ho Wan

미쉐린 1스타의 레스토랑에서 아주 저렴하게 맛있는 딤섬을 맛볼 수 있다. 가격이 저렴하니 이것저것 많이 시켜먹기 좋은 곳이다. 한국에도 체인점이 생겼지만 홍콩 현지의 맛을 따라갈 수는 없다.

마미 팬케이크 Mammy Pancake

하나씩 떼어 먹는 재미가 솔솔~

에그 와플은 1950년대부터 즐겨 먹기 시작한 홍콩만의 독특한 거리 음식이다. 일반적인 와플과 다른 모양으로, 벌집 모양을 닮은 에그 와플은 한 알 한 알 떼어먹기 간편해서 거리를 다니면서 먹기 딱 좋다. '겉바속촉(겉은 바삭, 속은 촉촉)'한 식감도 좋고, 기본 맛인 오리지널부터 초코, 바나나 등 맛도 다양하다.

★ 아이스크림 한 스쿱을 추가해서 먹는다면 더욱 더 달콤하고 풍부한 맛을 즐길 수 있어.

타이청 베이커리 Tai Cheong Bakery

홍콩의 No. 1 디저트는 나야~

센트럴에 오면 미드레벨 에스컬레이터를 타고 가다 에그타르트를 먹는 것이 필수 여행 코스로 유명하다. 홍콩 스타일과 마카오 스타일의 에그타르트 두 가지 종류가 있는데, 1945년에 문을 연 '타이청 베이커리'는 달걀의 고소한 맛이 강하고 쿠키 같은 질감의 파이지를 사용하는 홍콩 스타일의 에그타르트로 유명한 곳이다.

★ 패스트리처럼 바삭한 맛의 마카오 스타일 에그타르트는 '베이크 하우스'에서 맛볼 수 있어.

기화병가 Kee Wah Bakery

맛있는데 귀엽기까지 하니 데려올 수 밖에~

1938년에 시작해 아직까지도 사랑을 받고 있는 버터쿠키 전문점이다. 귀여운 틴케이스에 담긴 팬더 쿠키와 펭귄 쿠키가 유명하다. 꽤 많은 양의 쿠키가 튼튼한 캔에 들어 있어 잘 부서지지 않고, 한국에 돌아와서도 두고두고 홍콩을 기억할 수 있다. 고소하고 바삭한 에그롤도 인기다.

★ '제니 베이커리'도 쿠키로 유명해. 신선한 재료만 사용해서 매일 손으로 직접 만들어. 시즌마다 틴케이스 디자인이 바뀌는데 위조 방지를 위해서래.

윙 유엔 티 하우스

Wing Yuen Tea House

홍콩 최고의 차를 골라 봐~

영국인이 홀딱 반했다는 중국의 차는 어떤 맛일까? 센트럴에는 '홍콩차의 왕, 보이차의 왕'으로 불리는 왕만위안(王曼源)이 운영하는 유명한 티 하우스가 있다. 이곳에서는 중국의 유명한 차를 취향에 맞게 골라 맛볼 수 있다. 차를 마시면서 티 하우스에서 판매 중인 머리가 맑아지는 차, 건강에 좋은 차, 수면에 도움이 되는 차 등 여러가지 찻잎을 구매할 수 있다.

파이브가이즈 Five Guys

엄마! 햄버거 먹으면 안 될까요?

최근 한국에도 오픈 해 화제가 된 미국의 햄버거 프랜차이즈다. 감자튀김을 포함해 모든 튀김요리에 땅콩기름을 사용하는 게 이곳의 가장 큰 특징이다. 홍콩까지 와서 왜 프랜차이즈 햄버거를 먹냐고 할 수 있지만, 홍콩 음식이 입에 맞지 않거나 한국에서는 웨이팅이 너무 길어 먹어보지 못했다면 홍콩에서 시도해 보자!

★ 토핑과 소스를 직접 선택해야 해. 메뉴에 그림이 있어서 어렵지 않은데, "All the way, please."라고 간단히 말하면 모든 토핑을 넣어서 맛있게 만들어 줘~!

트램 기념품

홍콩만의 특별한 기념품은 이거지~

셩완과 센트럴을 다니다 보면 계속 보게 되는 것이 바로 트램이다. 홍콩의 대표 상징물인 트램의 미니어처나 미니 버스 번호판 등을 기념품으로 골라보는 건 어떨까. 센트럴 마켓에 있는 'Hong Kong Tram Store'와 웨스턴 마켓 1층에 있는 교통수단 미니어처 전문점 '80M Bus Model Shop'에서 구입할 수 있다.

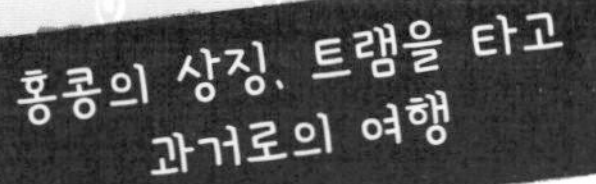

자세한 시간표와 정보는 홈페이지에서 확인해 봐!
hktramways.com/en/tramoramic

홍콩 거리를 한 눈에 담는 트램오라믹 투어

1920년대 운행하던 트램은 2층에 지붕이 없이 트여 있는 오픈탑이었다. 옛날 사람들이 타던 오픈탑 트램을 타고 셩완과 센트럴을 둘러보고 싶다면 트램오라믹 투어를 놓치지 말자. 투어를 하는 동안 현재와 과거 홍콩의 흔적을 동시에 만나게 되는, 잊지 못할 경험을 할 수 있다. 날씨가 좋을 때는 뻥 뚫린 2층에 앉아 거리 풍경을 즐길 수 있다. 오디오 가이드(한국어 제공)로 옛날의 홍콩 이야기를 들으며 거리를 보면 옛 홍콩이 상상된다. 걸어다닐 때는 몰랐던 많은 것들이 눈에 들어온다.

● 우청 전당포 Woo Cheong Pawn Shop

130여 년 전 홍콩의 공동주택 덩라우 모습을 그대로 간직하고 있는 곳으로, 과거 모습이 훌륭하게 복원된 랜드마크 중 하나다. 지금은 전당포로 사용되고 있지 않지만, 和昌大押(우청 전당포)라는 간판은 여전히 걸려 있다.

● 아이스하우스 스트리트 Ice House St.

과거 덥고 습한 홍콩에는 물을 얼릴 곳이 없어서 개척자들은 미국에서 얼음을 수입해야 했다. 배로 옮겨온 얼음을 바로 보관할 수 있도록 해안가에 얼음 저장소를 지었는데, 그곳이 바로 아이스하우스 거리다. 사진 속 FCC(외신 기자 클럽) 건물은 한때 얼음 저장소로 사용됐던 곳이다.

홍콩에서 도장은 문서나 예술품에 진품을 증명하기 위해 찍었대.

● **만와레인** Man Wa Lane

'도장골목'이라는 별명으로 더 잘 알려진 곳이다. 100년 역사를 간직한 곳으로, 좁은 골목을 따라 작은 도장 가게들이 촘촘하게 붙어 있다.

● **포팅거 스트리트** Pottinger St.

홍콩 최초의 포장도로이자 가장 아름다운 거리 중 하나다. 화강암 석판과 계단이 울퉁불퉁하게 덮혀 있는데 유럽의 자갈길을 연상시킨다. 영국 식민지 시대의 역사를 그대로 간직하고 있다.

● **주빌리 스트리트** Jubilee St.

'기념일'을 의미하는 주빌리는 빅토리아 여왕 통치 50주년을 기념한 이름이다. 과거에 이곳은 큰 배가 오가던 부두가 있는 해안가였다.

비가 오면 빗물이 도로 바닥의 석판 사이를 따라 양옆의 배수로로 흘러가도록 설계돼 있어.

안녕. 난 메이라고 해.

네가 홍콩에 온다니까 나까지 설레는 거 있지.

홍콩에서 어딜 가면 좋을지 추천해달라고 해서 고민을 많이 해봤는데

최근에 생긴 서구룡 문화지구가 떠올랐어.

우리는 '웨스트 까우룽'이라고하는 곳인데, 요즘 가장 핫한 곳이야.

홍콩에 이런 탁 트인 공간이 있나 싶은 멋진 공원도 있고, '문화지구'라는

이름답게 미술관과 고궁박물관도 있어. 문화 휴식 공간이 가득해.

근데 그거 알아? 여기가 야경 명당이라는 거! 바닷가에 위치해서

빅토리아 하버 너머의 감동적인 고층 빌딩 전망을 볼 수 있어.

해변 산책로를 따라 벤치와 테이블도 있어서 멋진 경치를 보며 피크닉을

즐기기에도 좋아. 물론 돗자리를 챙겨서 잔디밭에 앉아 홍콩의 달콤한

디저트를 즐긴다면 더 낭만적일 거야. 매일 이런 멋진 전망을 보며

산책할 수 있는 이곳 주민들은 얼마나 좋을까?

이런 멋진 곳은 꼭 가봐야 해, 알았지? 약속이야~!

西九文化區

홍콩의
예술문화 중심지

서구룡 문화지구

- □ 날씨가 좋을 때는 피크닉을 즐기기 좋아요.
- □ 홍콩 고궁박물관은 입장할 때 보안 검색대를 통과해요.
- □ 엠플러스 박물관은 구역마다 개방 시간이 달라요.
- □ 스마트 바이크를 탈 때, 반드시 헬멧도 대여해서 착용하도록 해요.

서구룡 문화지구

새로운 홍콩을 만날 수 있는 곳

★ 서구룡 문화지구는 홍콩 최고의 예술 문화 중심지로 인기를 누리고 있다. ★ 2000년대 초반까지 건물 하나 없는 황무지였다는 게 믿기지 않을 만큼 공연 전시 센터, 박물관, 푸르른 공원 등이 잘 갖춰져 있다. ★ '아시아 문화의 중심지'로 만들려는 계획은 지금도 진행 중이며, 최근 문을 연 홍콩 고궁박물관과 엠플러스는 홍콩의 역사와 새로운 예술의 출발점이 될 것으로 기대되는 곳이다. ★ 시대와 국경을 초월한 유물과 예술 작품이 일 년 내내 다양하게 전시되며, 각 전시회는 단순히 관람을 넘어 모두가 참여하는 문화가 됐다. ★ 특히 빅토리아 하버를 따라 난 해변 산책로와 공원은 최고의 휴식 공간이 되고 있다.

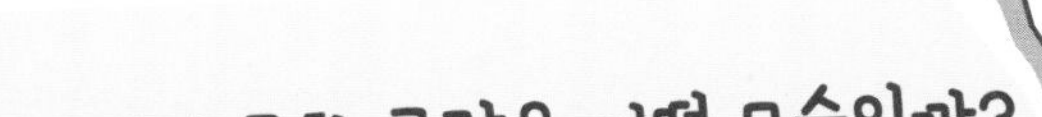

미래의 문화 공간은 어떤 모습일까?

사람들은 첨단기술로 가득한 공간을 '미래 문화 공간'으로 생각해 왔다. 하지만 인간의 편리만을 추구한 기술 발전으로 환경이 파괴되자, 초록의 자연이 더 소중해지고, 가까운 사람들과 야외에서 즐기는 시간이 주는 행복도 더 커졌다. 문화유산과 예술에 대한 생각도 '상류층만 누리는 것'에서 '모두가 함께 누리는 것'으로 변했다. 덕분에 우리가 꿈꾸는 미래의 문화 공간은 첨단 기술의 공간이 아닌 문화유산과 예술, 휴식과 자연이 함께하는 공간이 됐다.

빼곡한 빌딩숲과 좁은 집에서 생활하는 홍콩인에게 서구룡 문화지구는 미래 문화 공간이 현실로 옮겨진 장소야!

엠플러스 M+

건물도 멋진데 구석구석 즐길 것도 많아~

아시아 최초의 글로벌 현대 시각문화 공간이다. 엠플러스는 기존 미술관보다 더 다양한 유형의 예술을 다루기 때문에 전시회가 다채롭고 풍부하다. 특히, 어디든지 원하는 곳으로 옮길 수 있는 관람 의자, 예술 작품이면서 놀이기구가 되는 전시물 등은 관람객이 온몸으로 예술을 즐길 수 있는 환경을 제공한다. 홍콩의 역사 문화를 디자인으로 재현해 낸 공간을 찾아보는 재미도 있고, 주말에는 누구나 직접 참여할 수 있는 전시 프로그램도 마련돼 있다.

● 찾아보는 재미가 있는 건축 이야기

엠플러스의 건물 자체가 예술 작품이다. 런던 테이트 모던 박물관과 베이징올림픽 주경기장 등을 설계한 세계적인 건축회사 헤르조그 & 드뫼롱의 작품인데, 내부 공간도 예술적으로 꾸며져 있다.

옛날에는 시장에서 달걀의 신선도를 확인하기 위해 달걀을 램프에 비춰봤대. 그래서 달걀램프(Egg Lamp)라고도 불러.

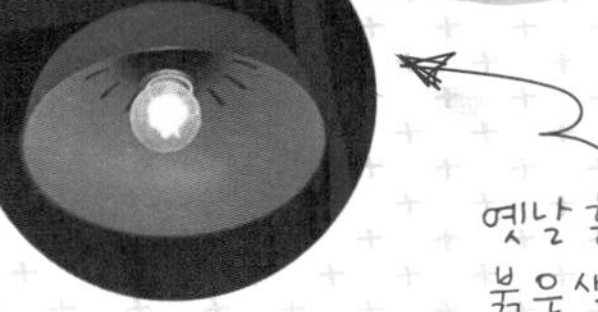

옛날 홍콩 램프는 붉은색이었어.

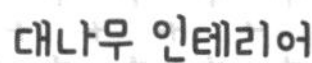

엠플러스 건물의 내벽과 외벽은 대나무 모양의 세라믹 타일로 꾸며져 있다.

홍콩 램프

홍콩의 재래시장을 밝히는 전등갓을 현대적으로 재해석한 이 작품은 홍콩의 역사와 마켓 문화가 담겨 있다.

● 플레이스케이프 Playscape

이곳에 설치된 조형물은 예술 작품이자, 놀이 기구다. 다시 말해, 예술 작품에서 놀 수 있다는 말! 바다, 산, 숲과 같은 자연을 최고의 놀이 도구로 생각했던 예술가 이사무 노구치의 작품들이다. 작가는 자연의 빛에 따라 작품의 색이 바뀌고 그 위에서 노는 사람들의 그림자까지 더해지면서, 매 순간 달라지는 예술작품이라고 말한다.

여기서 보는 야경도 끝내줘!

● 루프톱 가든 테라스

박물관 옥상에 있는 널찍한 루프톱 정원이다. 빅토리아 하버의 전망과 예술 공원의 아름다움을 모두 볼 수 있는 힐링 공간이다.

● 러닝 허브에서의 체험 프로그램

매달 하반기 일요일에는 '패밀리 데이'가 열린다. 엠플러스에 전시된 예술가의 작품을 주제로, 가족이 함께 오감을 활용해 작품을 즐기도록 기획된 체험 프로그램이다. 홈페이지를 통해 미리 신청할 수 있으며, 참가비에 박물관 입장료가 포함돼 있다.

홍콩 고궁박물관

Hong Kong Palace Museum

중국과 세계 문화의 소통 공간

멀리서도 한눈에 들어오는 웅장한 황금빛 건물이 바로 고궁박물관이다. 압도적인 규모와 독특하고 멋스러운 디자인에 눈길이 간다. 홍콩의 유명한 건축가 로코 임(Rocco Yim)이 설계했는데 중국의 자금성을 현대적으로 재해석한 것이라고 한다. 홍콩 고궁박물관은 중국 문화와 세계 문화의 소통을 중요하게 생각해서 중국 자금성의 고궁박물원에서 온 유물뿐만 아니라 전 세계의 귀중한 유물도 함께 전시돼 있다.

● 고궁박물관 입구

이 붉은 색의 웅장한 문은 중국 황제만 드나들 수 있던 고궁의 문을 그대로 재현한 것이다. 인기 포토존이니까 박물관에 들어가기 전 이곳에서 찰칵!

전시실 곳곳에는 첨단 기술이 적용된 체험 시설이 있어 유물을 훨씬 더 실감나게 체험해볼 수 있어.

아트파크 Art Park

홍콩에 이렇게 확트인 공원이 있다고?

서구룡 문화지구에 빅토리아 하버를 따라 조성된 공원이다. 평일에는 강아지와 산책 나온 시민들이 많고, 주말에는 넓은 잔디밭에 돗자리를 펴고 피크닉을 즐기는 가족과 연인들로 붐빈다. 특히 빅토리아 하버의 멋진 일몰과 야경을 감상할 수 있어서 인기다. 여기서 보는 야경은 다른 곳과는 또 다른 매력으로 감동을 준다. 여행 중 복잡한 도심을 벗어나 넓은 잔디밭에서 뛰어놀고 편히 휴식하는 여유를 부리고 싶다면, 멀리 갈 필요 없이 서구룡 문화지구로 가자!

● **항구를 보며 자전거 타기**

'스마트 바이크'는 지속 가능한 교통 수단으로, 자전거 사용을 권장하기 위해 만든 자전거 공유 프로그램이다. 관광객도 저렴한 비용으로 쉽게 빌릴 수 있다.

서구룡 문화지구 옆 전망대

홍콩에서 가장 높은

SKY100 전망대

SKY100 전망대는 홍콩에서 가장 높은 ICC(국제상업센터) 빌딩 100층(해발 393m)에 있다. 초고속 엘리베이터를 타고 60초만에 전망대에 도착하면, 사방이 탁 트인 창문으로 360도 파노라마 전망이 펼쳐진다. 무더운 여름에 홍콩을 방문했다면 시원하게 에어컨이 나오는 이곳에서 쾌적하고 편안하게 홍콩의 야경을 즐기는 것도 좋다.

인터렉티브 웹페이지

전망대에 있는 QR 코드를 스캔하면 다양한 특수 효과를 배경으로 재미있는 AR 사진을 찍을 수 있다. 여러 종류의 프레임도 제공되고, 오디오 가이드도 있어서 유리창으로 보이는 곳의 정보를 들을 수 있다.

360도 파노라마 전망

홍콩에서 탁 트인 360도 파노라마 전망을 볼 수 있는 유일한 곳이다. 맑고 화창한 날씨에는 빅토리아 하버와 홍콩섬은 물론 침사추이 해안도로까지 모두 보인다.

전망대 코너마다 각각 다른 포토존이 설치돼 있어서 같은 듯 다른 홍콩을 배경으로 기념사진을 남길 수 있어.

홍콩의 가장 높은 곳에서 즐기는 아이스크림은 더 달콤해!

태풍 대피소

우리나라와 마찬가지로 홍콩도 매년 태풍을 대비해 해안가에 태풍 대피소를 마련해 두었다. 300m 높이에서 바라보는 태풍 대피소의 대형 보트는 마치 장난감처럼 작다.

Disneyland
설렘 가득한
마법 같은 시간
디즈니랜드

안녕, 난 유밍이라고 해.

다음 주 수요일은 내 생일인데, 생일이 지나면 11살이 돼.

생일을 맞아 이번 주 일요일에 엄마 아빠랑 디즈니랜드에 가기로 했어.

디즈니랜드는 예전에 가봤는데 또 가도 항상 설레고 신나.

네가 사는 한국에는 디즈니랜드가 없다고 들었어.

그렇다면 이번 홍콩 여행에서 디즈니랜드에 꼭 들러 보면 좋을 것 같아.

디즈니의 애니메이션을 테마로 한 재미있는 놀이기구를 탈 수도 있고

애니메이션 속 주인공들을 직접 만나 인사를 나눌 수도 있어.

내 여동생은 디즈니랜드에 갈 때마다 엘사 드레스를 입고 가서

진짜 공주님이 된 것처럼 디즈니 성에 있는 공주들과 사진을 찍어.

이번에 세계 최초로 겨울왕국 테마존이 문을 열었대서 엄청 기대돼.

참! 멋진 불꽃놀이도 절대 놓치면 안 돼. 환상 그 자체거든!

너도 꼭 동화 속 주인공인 된 것 같은 기분을 느껴봤음 좋겠어!

디즈니랜드

동화가 현실이 되는 곳 ★ 디즈니 애니메이션을 주제로 꾸며놓은 테마파크! 어른, 아이 할 것 없이 모두가 디즈니 캐릭터와 어울려 신나게 즐길 수 있는 곳이다. ★ 마블 히어로와 엘사 같은 영화 주인공부터 미키 마우스, 도널드 덕 같은 고전 캐릭터까지, 스크린으로만 보던 캐릭터와 장면들이 눈앞에 살아 움직인다. ★ 재미있는 놀이기구도 타고 멋진 공연도 보다 보면, 시간 가는 줄도 모르고 흠뻑 빠지게 된다. ★ 디즈니 주인공들과 인사를 나눌 수 있는 퍼레이드도 인상적이지만, 매일 밤 폐장 전에 열리는 불꽃놀이는 정말 환상적이다. 익숙한 디즈니 OST와 함께 화려한 조명이 '잠자는 숲속의 공주의 성'을 둘러싸고, 하늘에서는 불꽃이 터지면서 잊을 수 없는 감동을 선사한다.

가기 전에 부모님과 check!

- □ 어트랙션(놀이기구나 공연)의 종류가 많아서 모두 탈 수는 없다. 타고 싶은 것을 미리 골라 두자.
- □ '홍콩 디즈니랜드' 앱을 미리 다운로드 받자. 운영 시간, 위치 정보, 대기 시간을 확인할 수 있다.
- □ 저녁에 열리는 불꽃놀이는 꼭 봐야 한다. 너무 빨리 지치지 않게 체력을 아끼자!
- □ 여름에는 많이 덥다. 양산과 모자, 쉴 수 있는 돗자리, 시원한 물을 꼭 챙겨 가자.
- □ 홍콩 디즈니랜드는 음식물 반입이 가능하다. 사 먹을 수도 있지만 간단한 간식은 챙겨 가도 좋다.
- □ 실물 티켓을 받아 보관하고 싶다면, AutoMagic 티켓 판매기에서 종이 티켓으로 교환할 수 있다.

MTR 서니베이역에 내리면 디즈니랜드까지 운행하는 귀여운 미키마우스 열차를 탈 수 있어!

메인 스트리트 USA

Main Street USA

홍콩 디즈니랜드에 온 걸 환영해~

입장하면 가장 먼저 만나게 되는 구역! 미키 마우스 모양의 잔디 뒤로 보이는 메인 스트리트 역 앞에는 '판타지랜드'까지 이동하는 순환열차가 있다. 날씨가 더울 때는 이 열차를 타고 디즈니랜드를 한 바퀴 돌아보는 것도 좋다. 메인 스트리트 주변 상점에서 기념품을 사거나 간식을 사 먹을 수 있고, 중앙 그늘막에서는 디즈니 캐릭터와 사진을 찍을 수 있다.

미키 마우스 모양 잔디와 역을 배경으로 기념사진 찰칵~

● 메인 스트리트 역

디즈니랜드 레일로드 순환열차를 타고 '판타지랜드'까지 갈 수 있다.

● 별관 The Annex

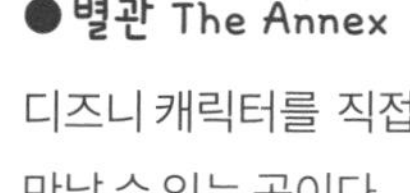

디즈니 캐릭터를 직접 만날 수 있는 곳이다.

'더피와 친구들의 플레이하우스'에 놀러 오지 않을래?

'애니메이션 아카데미'에서 디즈니 캐릭터 그리는 법을 배울 수 있어!

중앙 타운 스퀘어에서 미키, 미니와 사진 찍기

어드벤처랜드 Adventureland

정글과 밀림이 우거진 모험의 세계

정글 리버 크루즈를 타고 어드벤처 강을 따라 다양한 야생동물을 만나고, 통나무 뗏목을 타고 타잔이 사는 거대한 트리 하우스에 직접 올라간다. 어드벤처랜드에서 가장 유명한 '라이온 킹의 축제' 공연은 애니메이션 영화 〈라이온 킹〉을 주제로 해 만들어진 뮤지컬로, 관객 모두 신나는 춤과 음악을 마음껏 즐길 수 있다.

우와~ 이건 꼭 봐야 해!
웅장한 원형극장 사방에서
동물들이 등장해~!

●라이온 킹의 축제

공연은 시어터 인 더 와일드(Theater in the Wild) 원형 극장에서 열린다. 인기 공연이니, 미리 자리를 잡는 게 좋다.

애니메이션 〈모아나〉를
주제로 한 신나는 공연도
볼 수 있어!

그리즐리 협곡 Grizzly Gulch

반전에 반전이 있는 곳~

가장 인기 있는 어트랙션인 '빅 그리즐리 마운틴 런어웨이 광산열차(Big Grizzly Mountain Runaway Mine Cars)'가 있는 곳! 미국 캘리포니아의 협곡 사이로 열차가 지나가도록 꾸며놓았다. 옛 미국 서부의 금광을 찾아 다니던 골드러쉬(Gold Rush) 시대를 배경으로 만든 테마존이다.

★ 당시 금 채굴에 방해가 된다는 이유로 그리즐리 베어는 무자비하게 포획돼 1922년 결국 멸종했다고 해.

너무 재밌어!
두 번 탈 거야~
세 번 탈 거야~!

물총 놀이

죄수 포스터나
마차 등 웨스턴 분위기를
배경으로 기념사진을
찍어 봐~!

●빅 그리즐리 마운틴 런어웨이 광산열차

가파른 바위 경사를 오르면서 문제가 생긴 열차는 결국 뒤로 밀려 가다가 TNT 폭약이 설치된 굴로 들어가는데, 거기서 곰 가족을 만나는 탐험 이야기다.

미스틱 포인트 Mystic Point

보물이 가득한 대저택에서의 모험

유별난 탐험가이자 예술품 수집가인 헨리 미스틱 경의 이야기를 만날 수 있는 테마존이다. 미스틱 마그넷 전기 자동차를 타고 미스틱 매너(Mystic Manor)라 불리는 그의 저택을 둘러보게 된다. 각종 소장품들이 음악에 맞춰 움직이고, 마치 헨리 경의 여행 동반자인 원숭이 알버트가 마술을 부리는 듯한 신비로운 경험을 할 수 있다.

실내 어트랙션이라서 비가 와도 언제든지 즐길 수 있어~.

★ 전 세계 디즈니랜드 어디에도 없는, 홍콩 디즈니랜드에서만 볼 수 있는 어트랙션이야!

마그넷 전기 자동차를 타고 대저택의 소장품을 구경해.

하이! 난 알버트라고 해. 괴물 거미줄에 갇혀 있던 나를 헨리경이 구해줬고 그 이후로 함께 살고 있어.

안녕~! 난 헨리 미스틱이야. 우리 집에 온 걸 환영해. 탐험가인 내가 수집한 유물들 한번 구경해 볼래?

토이 스토리 랜드 Toy Story Land

영화 속에 들어와 있는 것 같아~

애니메이션 영화 〈토이 스토리〉의 주인공 보안관 앤디가 가지고 놀던 장난감을 테마로 만들어진 구역이다. 이 테마존에 들어서면, 마치 〈토이 스토리〉 속 장난감들처럼 작아져서 예쁜 장난감들과 함께 놀고 있는 듯한 착각을 일으키게 된다. 이곳에서는 놀이기구를 타지 않더라도, 살아 움직이는 듯한 장난감을 배경으로 사진을 남기는 것만으로도 즐겁다.

녹색 병장처럼
기념사진도 찰칵!

● 토이 솔저 낙하산 드롭

<토이 스토리>의 장난감 군사 기지인 Fort Emery의 낙하산 훈련을 테마로 한 어트랙션. 낙하산에서 떨어지듯 아찔하게 오르내린다.

● RC 레이서

앤디가 가장 좋아하는 녹색 RC 카가 롤러코스터로 변신했다! 롤러코스터인데 마치 바이킹처럼 수직으로 올라갔다 내려온다.

월드 오브 프로즌 World of Frozen

엘사의 얼음궁전으로 놀러오세요~

애니메이션 〈겨울왕국〉을 모티브로 한 것으로는 세계 최초이자, 최대 규모의 테마존이다. 테마존에 들어서면 〈겨울왕국〉 OST가 배경음악으로 흘러나오고 예쁘게 재현된 아렌델 마을과 분수, 엘사의 궁전이 관광객을 맞이한다. 썰매를 테마로 한 최고 높이 300m의 롤러코스터를 포함해 2개의 어트랙션과 캐릭터, 특별한 경험을 할 수 있는 숲속의 극장까지 성대하게 꾸며져 있다. 영화 속 겨울왕국이 눈앞에 펼쳐지는 특별한 경험을 할 수 있다.

● 배럴 오브 펀

앤디의 장난감들이 배럴로 꾸며져 있는 재미있는 포토 스폿.

판타지랜드 Fantasy Land

엄마, 아빠, 동생 모두가 즐거운 곳

정문의 메인 스트리트 USA에서 열차를 타면 판타지랜드까지 바로 갈 수 있어.

디즈니랜드의 상징인 '마법 같은 꿈의 성(Castle of Magical Dreams, Sleeping Beauty Castle)'이 있는 테마랜드! 엄마, 아빠의 어린 시절을 함께 했던 디즈니의 캐릭터들도 이곳에 모두 있다. 정해진 시간이 되면, 유명 디즈니 캐릭터들을 직접 만나 사진을 남길 수도 있다.

★ 이 성의 '로열 리셉션 홀'에서는 디즈니 공주와 여왕을 직접 만날 수 있어. 공주와 여왕을 만나려면 예약은 필수야!

판타지랜드에는 쉬운 난이도의 어트랙션이 많아. 어린 동생과 함께 왔다면 더더 즐거운 시간을 보낼 수 있을 거야.

하늘을 나는 코끼리 덤보

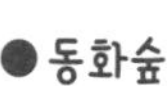

● 동화숲

<신데렐라>, <미녀와 야수>, <라푼젤> 등 디즈니 동화의 장면들을 아기자기하게 미니어처로 만들어놓은 숲이다.

● 위니 더 푸의 모험

곰돌이 푸의 꿀단지 모양 차를 타고
푸의 동화 속 세상을 구경한다.

작은 배를 타고
실내 물길을 따라
떠나는 세계일주!

잇츠 어 스몰 월드

신데렐라 회전 목마

● 미키의 필하매직

오페라 극장에서 3D 안경을 끼고 디즈니
음악과 3D 애니메이션을 관람한다.

도서관의 한 책 속에서 〈겨울
왕국〉 올라프가 나왔다.
올라프를 다시 책 속으로
데려다주기 위해 떠나
는 미키와 친구들의
신비한 모험!

미키와 원더러스 북

투모로우랜드 Tomorrowland

아이언맨을 직접 만나 봐~

웅장한 느낌의 미래 세계에 온 듯한 이곳은 우주를 테마로 한 곳으로, 영화 〈마블〉, 〈스타워즈〉를 테마로 만들어졌다. 가장 인기 있는 어트랙션은 '하이퍼 스페이스 마운틴'이다. 그리고 투모로우랜드에서는 어벤저스의 아이언맨을 만날 수도 있다. 인기 있는 어트랙션이 몰려 있어서 디즈니랜드에 도착하면 바로 달려가는 게 좋다.

● 하이퍼 스페이스 마운틴

영화 <스타워즈>를 테마로 한 어트랙션!
어둠 속을 달리는 롤러코스터다.

UFO 모양의 어트랙션!

● 아이언맨 테크 쇼케이스

실제로 아이언맨을 만날 수 있다.

아이언맨과 찰칵!

아이언맨이 나를 구해줄 때는 정말 짜릿해.

● 아이언맨 체험

4D 입체 안경을 쓰면, 홍콩을 배경으로 아이언맨과 함께 신나게 악당을 물리치는 히어로가 될 수 있다.

퍼레이드

안녕~ 미키랑 눈 마주쳤어~

디즈니 팬이라면, 귀엽고 예쁜 캐릭터를 한자리에서 모두 볼 수 있는 퍼레이드를 놓치지 말자. 미키와 미니를 시작으로, 〈라이언 킹〉, 〈모아나〉 등 디즈니 애니메이션 속 캐릭터들이 무리지어 나와 화려한 행진을 한다. 디즈니 친구들을 가까이서 만나고 그들의 모습을 사진에 담아 보자.

★ 여름, 할로윈 등 시즌에 맞춰 이벤트 퍼레이드가 열리기도 하니까 홍콩 디즈니랜드 앱을 통해 꼭 미리 확인해 봐!

불꽃놀이

"Momentous" Nighttime Spectacular
정말 너무 너무 감동적이야~

디즈니랜드의 하이라이트는 뭐니 뭐니 해도 디즈니 성을 배경으로 펼쳐지는 강렬한 피날레 쇼다. 20분 동안 귀에 익숙한 디즈니 애니메이션의 OST 음악에 맞춰 화려한 레이저와 불꽃, 분수, 조명이 밤하늘을 환하게 밝힌다. 특히 디즈니 성을 감싸는 디즈니 애니메이션의 3D 맵핑은 더 환상적인 분위기를 만든다. 마법에 걸린 듯한 20분의 시간은 화려한 불꽃놀이로 끝이 난다.

뭐 먹지?

★ 먹는 것도 디즈니스럽게~

로얄 뱅킷 홀 Royal Banquit Hall

디즈니 왕자님과 공주님처럼 식사해~

디즈니 성을 보고 그 감동을 이어가고 싶다면 이곳에서 식사를 해 보자. 이곳은 대성당에서 볼 법한 높은 천장, 대리석의 아치형 기둥, 화려한 샹들리에까지 유럽 고성처럼 꾸민 식사 공간이다. 테이블 주변에는 우아한 목공예품과 다양한 벽화가 가득하다. 언제나 인기 있는 디즈니 공주들의 이미지와 조각 장식도 볼 수 있다. 낭만적인 왈츠까지 흘러나와서 디즈니 속 왕자나 공주처럼 식사를 즐기는 느낌이 든다.

스타 라이너 다이너 Starliner Diner

햄버거 먹고 어벤저스의 힘이 솟아나~

마블 테마로 꾸며진 곳으로, 미국식 프라이드 치킨과 햄버거를 먹고 싶은 사람들에게 최고의 식사 공간이다. 어벤저스가 패스트푸드를 먹고 짧은 시간에 엄청난 힘을 보충하던 장면이 저절로 떠오르게 만든다. 간단한 식사와 간식 메뉴들이 주 메뉴를 이루고 있다. 빨리 먹고 또 다른 모험을 떠나려는 관람객들에게 딱 맞는 곳이다.

귀엽고 맛있는 간식

간식도 미키 미키~

디즈니랜드에서만 먹을 수 있는 간식들은 뭐가 있을까? 맛도 있지만 너무 예뻐서 인증샷은 필수다!

기념품

이건 꼭 사야 해!

디즈니랜드가 좋은 또 다른 이유! 바로 디즈니 캐릭터 기념품을 살 수 있기 때문이다. 옷부터 인형, 머리띠, 컵 등 종류가 어마어마하다.

안녕, 난 홍콩에 사는 진징이라고 해.

내가 사는 곳은 리펄스 베이라는 곳인데, 이름처럼 집 앞에 바다가 있어.

나는 집 앞 해변에서 물놀이 하는 걸 좋아하는데 그래서인지 바다랑

해양생물에 관심이 많아. 바다에는 어떤 동식물들이 살고 있는지

책도 찾아보고 직접 볼 수 있는 곳을 찾아다니기도 해.

홍콩에 '오션파크'라는 해양공원이 있는데, 여기 진짜 좋아.

다양한 해양동물들을 직접 볼 수도 있고, 해양동물 말고도 판다나

나무늘보 같은 멸종 위기 동물들도 볼 수 있어. 근데 더 끝내주는 건

오션파크에 동물들만 있는 게 아니라 아찔한 놀이기구도 있다는 거~!

여기서 끝이 아니야! '워터월드'라는 물놀이 테마파크도 있다는 사실~!!!

놀이기구마다 감각 자극 가이드(Sensory Guide)가 있어서

레벨에 따라 안전하게 놀 수 있어. 어때? 내가 좋아할 수밖에 없겠지?

너도 분명히 좋아할 거야!

이번 홍콩 여행에서 오션파크에 가서 하루 종일 신나게 놀아 봐~!

Ocean Park

동물, 놀이기구,
물놀이가 한 자리에~

오션파크

오션파크

최고의 해양테마공원 ★ 홍콩사람들에게 오랫동안 사랑을 받는 해양테마공원! 남롱산(Nam Long Shan, 南朗山)을 깎아 만들어서 남중국해의 뜨거운 태양과 시원한 바다 전망을 마음껏 느낄 수 있다. ★ 오션파크는 크게 두 개의 구역으로 나뉜다. 그중 하나인 '워터프론트(Waterfront)'는 판다와 미어캣 등을 관람할 수 있는 곳과 놀이기구가 있다. ★ 워터프론트에서 케이블카나 오션 익스프레스 기차를 타고 정상에 가면 펭귄과 상어 등을 볼 수 있고 아찔한 놀이기구를 즐길 수도 있다. ★ 2021년 개장한 워터월드에서는 야외 풀장과 실내 풀장을 사계절 내내 즐길 수 있다. ★ 다양한 동물도 보고 신나는 놀이기구도 탈 수 있는 곳! 거기에 물놀이까지 즐길 수 있는 환상의 테마공원이다.

동물복지를 위한 생태공원

동물원은 아이들의 교육과 어른들의 힐링 공간으로 늘 인기가 많다. 과거 대다수의 동물원은 인기 동물을 가두어 두고 사람들에게 보여 주며 돈을 버는 데만 집중했다. 하지만 최근에는 환경 개선과 멸종 위기 동물 보호에 대한 관심과 인식이 높아지면서, 동물의 서식지를 그대로 재현해 종을 보호하고 환경보호 교육도 진행하는 동물원이 늘어나고 있다.

오션파크는 '동물복지를 위한 생태공원 만들기'에 진심으로 노력을 기울이며 발전해 가고 있는 곳이다. 공원 곳곳에서 동물 보호 메시지를 쉽게 볼 수 있고, 관람객들이 동물 보호 캠페인을 행동으로 쉽게 옮길 수 있도록 옥토퍼스 카드로 바로 기부할 수 있는 기부 시스템도 마련해두고 있다. 다양한 동물 체험 프로그램에서도 동물을 존중하는 마음을 기본으로 하고 있다.

멸종 위기 동물을 위해
옥토퍼스 카드로 직접
기부할수도 있어!

워터프론트
The Waterfront
OLD HONG KONG
Ocean Park
오션파크 입구

케이블카
정상
The Summit
오션 익스프레스
워터 월드
Water World

들어가자 마자 만나는 곳!
보고 싶었던 게 여기 다 있네~!

그랜드 아쿠아리움 Grand Aquarium

머리 위 수조에서 가오리가 둥둥~

해안부터 심해 바닥까지 해양 곳곳에 서식하는 다양한 해양생물을 아주 가까이에서 볼 수 있는 곳이다. 위가 개방된 수조는 수면 위와 아래를 동시에 볼 수 있고, 지름 5.5m의 아쿠아리움 돔은 볼록한 유리와 조명 덕분에 아름다운 산호와 신기한 열대어를 생생하게 볼 수 있다. 산호 터널과 초대형 수조는 해양생물을 좀 더 가까이 보거나 사진으로 남기기에 좋다.

● 만타 가오리 Manta Ray

Manta는 스페인어로 '모포나 넓은 숄'을 의미하는데, 둥둥 떠 있는 모습이 넓적한 모포 같이 생겨서 붙여진 이름이다.

● 나폴레옹 피시 Napoleon Fish

머리의 혹과 입술이 두툼해서 조금 기괴해 보이지만 몸의 색이나 무늬가 아름답다.

● 소코 가오리 Cownose Ray

소의 코를 닮아서 붙여진 이름이다. 귀여운 얼굴 때문에 인기가 많다.

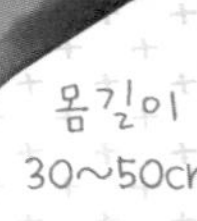

몸길이 30~50cm

나무늘보와 친구들 스튜디오

Sloth and Friends Studio

느리지만 존재감만큼은 최고

느릿느릿 움직이는 모습이 너무도 사랑스러운 두 마리의 나무늘보를 만날 수 있는 곳이다. 나무늘보를 테마로 한 AI 그림 전시관도 있다. 간단한 명령어를 입력해 나만의 동물 AI 그림을 만들 수 있는 공간도 있으며, 희귀종 보호 등의 몰입형 교육 체험도 즐길 수 있다.

● 아트 갤러리

멸종 위기에 놓인 희귀 동물들이 다양한 명작의 주인공이 됐다.

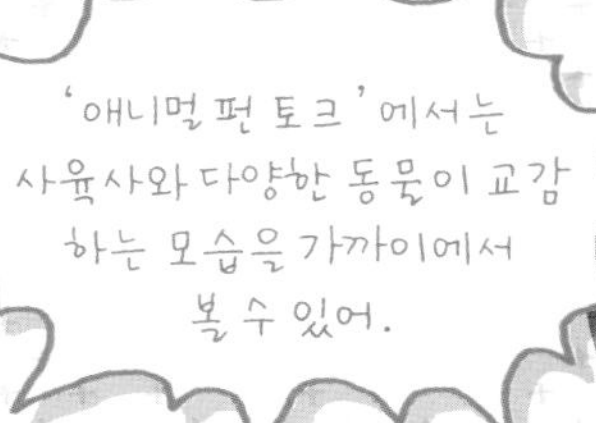

● 나무늘보 만나기

주로 나무에 매달려 있고 움직인다고 해도 느릿느릿하다. 먹을 때도 잠을 잘 때도 나무에 매달려 있다.

★정해진 시간에 사육사가 나무늘보에게 먹이주는 모습을 볼 수 있어.

올드 홍콩 Old Hong Kong

포토 스폿이 아주 많아~

옛 홍콩의 모습 그대로 옮겨둔 곳이다. 홍콩의 트레이드마크인 트램, 재래 시장, 새시장(버드 마켓), 인력거, 옛 건물과 길거리 등을 배경으로 멋진 기념사진을 남기기에 좋다. 1950~1970년대 홍콩 문화가 그대로 재현돼 있기 때문에 멋진 인증샷을 남기고 싶은 사람들에겐 최고의 놀이터다.

★ 포토존 사이 사이에 있는 기념품 상점과 홍콩 음식점 덕분에 눈과 입이 모두 즐거워.

홍콩 전통 의상 치파오를 챙겨가면 훨씬 더 예쁜 사진을 찍을 수 있어!

미쉐린이 선정한 홍콩 길거리 음식을 맛볼 수 있어!

자이언트 판다 어드벤처

Giant Panda Adventure

세상 제일 귀여운 존재

자이언트 판다 잉잉(Ying Ying)과 러러(Le Le)가 살고 있는 곳! 나무에 커다란 몸을 기대고 앉아 있거나 어슬렁어슬렁 움직이는 판다의 모습은 그림책을 찢고 나온 듯하다. 이동 통로에는 판다의 특징과 먹이 정보, 판다를 보호하기 위해 할 수 있는 것들이 적혀 있다. 자이언트 판다 맞은편에는 귀염둥이 레서판다 타이샨(Tai Shan)과 루루(Rou Rou)가 놀고 있다. 판다의 멸종 위험을 알리려 본토에서 이곳까지 오게 된 작고 귀여운 동물 친구들을 좋아하지 않을 수 없다.

● 자이언트 판다 교류 체험

체험을 신청하면 사육사와 함께 판다의 행동, 식습관을 자세하게 배우고, 직접 간식을 먹여줄 수도 있다. 미리 예약해야 하고 유료로 진행된다.

난 오션파크에서
귀여움을 담당하는
레서판다라고 해!

판다는 먹은 대나무 잎의 일부만
영양분으로 사용하고 대부분 배설
물로 내보내기 때문에 매일 어마
어마한 양(20kg)의 대나무 잎을
먹어야 살 수 있어.

판다 빌리지 Panda Village

판다 말고 수달이 주인이야

'자이언트 판다 어드벤처'를 지나면 '판다 빌리지'가 나오는데, 이름과는 달리 판다가 아닌 수달 가족을 만날 수 있다. 수영도 하고 낮잠도 자는 귀여운 수달은 오션파크에서 인기가 많다. 이곳의 수달은 '아시아 작은 발톱 수달'로, 멸종 위기 보호종으로 보호받고 있다.

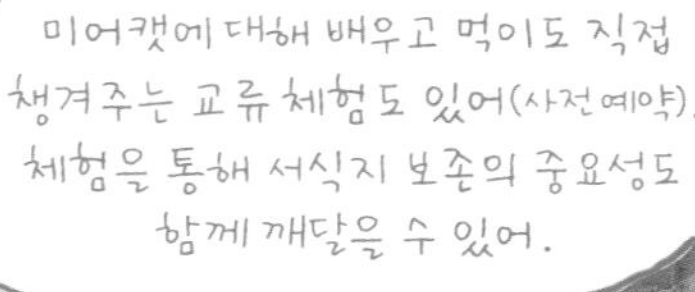

리틀 미어캣 & 코끼리거북이 어드벤처

Little Meerkat & Giant Tortoise Adventure

아프리카의 정찰병이 나타났다

문을 열고 들어가면 발걸음 소리도 들리지 않는 조용한 공간이 시작된다. 아프리카 사바나 초원과 같은 조용한 공간에 활기찬 미어캣들이 실내외를 오가며 잠시도 가만히 있지 않고 돌아다닌다. 바쁘게 달리다가 갑자기 일어서서 주위를 둘러보는 모습이 귀엽고 사랑스럽다.

★ 미어캣을 보고 나오는 길목에 커다란 거북이를 볼 수 있는데, 바로 코끼리거북이야. 너무 커서 가만히 있으면 바위처럼 보이기도 해. 사육사가 먹이를 주는 시간에 가면 코끼리거북이가 거대한 몸을 움직이는 것을 볼 수 있어.

오션파크에서 어떻게 이동해?

오션파크는 남롱산을 깎아 만든 곳이라서 산 아래쪽 '워터프론트'와 산 위쪽 '서밋(정상, Summit)' 구역, 두 부분으로 나뉜다. 케이블카나 오션 익스프레스로 이동할 수 있는데, 73만ha(헥타르)나 되는 드넓은 해양공원을 이동할 수 있는 편한 이동수단인 동시에, 놀이기구를 타는 듯 짜릿함도 느낄 수 있다.

케이블카

케이블카를 타고
산등성이를 오르면, 어느새 눈앞에
탁 트인 바다와 하늘이 펼쳐져.
총 길이는 1.5km!

오션 익스프레스

워터프론트와 정상을 오가는 기차!
빨리 정상에 가고 싶다면 4분만에 도착하는
오션익스프레스를 타. 해저탐사선처럼 생긴
특별한 기차에서도 다양한 바닷속
친구들을 만날 수 있어.

놀이기구도 타고 펭귄도 만나고
상어까지 볼 수 있어~

남극관 South Pole Spectacular

시원한 남극관에 펭귄이 가득~

남극관의 주인공은 바로 펭귄! 펭귄은 전 세계에서 큰 사랑을 받는 대표적인 동물이다. 오션파크의 남극관에는 킹펭귄, 남부 바위뛰기 펭귄, 젠투 펭귄 등 90여 마리가 살고 있다. 쾌적한 환경을 위해 냉장고 만큼이나 추운 온도로 유지되는 남극관에서 펭귄들은 수면 위아래를 넘나들면서 자유롭게 수영하며 놀고 끊임없이 수다를 떤다. '교류 체험'을 신청하면 펭귄에 대해 더 자세히 배울 수 있고, 사육사와 함께 직접 펭귄에게 먹이를 줄 수도 있다.

● 젠투 펭귄 Gentoo Penguins

황제펭귄, 킹펭귄에 이어 세 번째로 몸집이 크다. 펭귄 중에서 가장 긴 꼬리를 가지고 있어서 걸을 때 긴 꼬리로 바닥을 쓸고 다닌다.

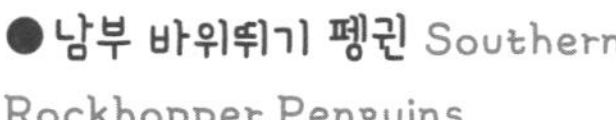

● 남부 바위뛰기 펭귄 Southern Rockhopper Penguins

몸무게 2~3kg의 작은 펭귄이다. 주로 높은 절벽 위에 사는데, 바위를 뛰어다니다 보니 붙여진 이름이다.

● 킹팽귄 King Penguin

펭귄 중에서 두 번째로 몸집이 크다. 목 주변 주황색 무늬가 매력적이다.

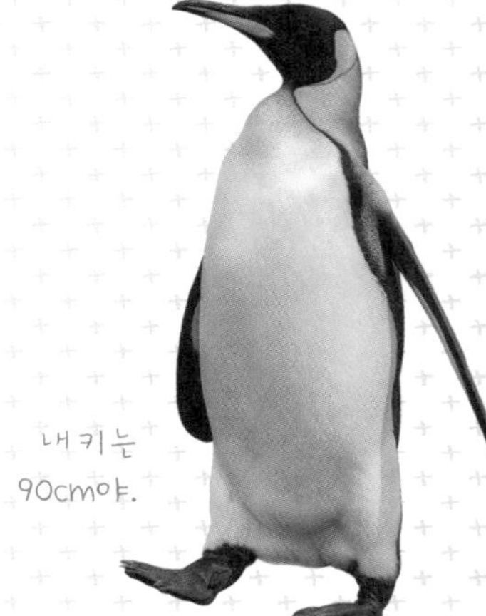

해파리 수족관

Sea Jelly Spectacular

팔랑팔랑 우아하게 헤엄쳐

마치 바닷속에 있는 것처럼 1,000여 마리 해파리들이 머리 위로 헤엄치고 있다면 얼마나 환상적일까? 조명, 음악, 멀티미디어, 특수효과 등 최신 기술이 만들어 내는 독특한 분위기에 맞춰 해파리가 매력적으로 춤추듯 움직인다.

★ 해파리 만지기 가상 체험, 자신의 얼굴로 만드는 해파리 등 다양한 게임도 즐길 수 있어.

상어의 신비 Shark Mystique

바다의 최고 포식자 상어가 가득~

수십 마리의 상어를 만날 수 있는 곳이다. '바다의 최고 포식자'로 불리는 상어에 대한 오해와 공포를 뒤로 하고, 상어를 자세히 살펴보면서 상어의 특징과 생활을 정확하게 알아볼 수 있다. 머리 위로 상어들이 오가는 터널을 지나면, 넓은 공간에서 수많은 상어를 만날 수 있다. 상어 지느러미 음식 반대 캠페인과 생태계 보호에도 동참해보면 어떨까?

★ 쉽게 볼 수 없는 톱 모양의 부리를 가진 톱상어와 온몸이 표범 무늬인 레오파드 상어를 360도 시야에서 관찰할 수 있어.

아틱 블라스트

Arctic Blast

살 떨리는 롤러코스터

놀이공원이라면 절대 빠질 수 없는 롤러코스터에 환상적인 북극을 더한 놀이기구다. 초고속 썰매를 타고 눈 위를 달리는 마음으로 신나게 달린다. 제일 높은 곳에서 내려올 때는 심장이 덜컥 떨어지는 짜릿함을 느낄 수 있다.

★ 롤러코스터에서 가장 짜릿함을 느낄 수 있는 곳은 맨 뒷자리야.

헤어 레이저 Hair Raiser

1분 동안 혼을 쏙 빼놓는 롤러코스터

키가 140cm 이상이어야 탈 수 있는 헤어 레이저는 오션파크를 상징하는 최고의 놀이기구다. 발판이 없어 다리가 공중에 뜬 채 상하좌우를 향해 돌진하는 놀이기구이다 보니 세상에서 가장 섬뜩한 경험을 할 수 있다.

★ 바로 옆이 바다라서 허공에 멈추었을 때는 말 그대로 머리카락이 쭈뼛 서고 온몸이 찌릿찌릿해.

월리 버드 Whirly Bird

나는 한 마리 새가 될 테다~

빙빙 도는 새를 의미하는 '월리 버드'라는 이름처럼 30m 공중에서 빙글빙글 도는 놀이기구다. 비행기처럼 조종대를 잡고 날개를 직접 움직이며 조종사가 된 듯 하늘을 훨훨 날 수 있다. 앞이 뻥 뚫린 의자에 앉아 시원한 바람을 느끼며 탈 수 있어 더욱 재미있다.

키가 122cm 이상 이어야 탈 수 있어!

기념품

나랑 같이 가자~

오션파크에서 만난 동물 친구들을 두고두고 기억할 수 있는 의미 있는 기념품을 골라 보자!

캐릭터 스티커

난 장바구니야!

판다 백팩

나무늘보 인형

케이블카 블럭

노트

봄, 여름, 가을, 겨울
물놀이를 할 수 있는 곳

워터월드

다양한 물놀이를 즐길 수 있는 놀이공원! 실내와 야외에 풀장이 있어서 취향에 맞게 골라 물놀이 할 수 있다. 야외 풀장은 푸른 산과 시원한 바다를 모두 볼 수 있어 더 매력적이다.

오션파크 입장권으로는
들어갈 수는 없어!
따로 예매해야 해!

레인보우 러시

매트에 엎드려 미끄러지듯 내려가는 어트랙션이다. 무서울 것 같지만 정작 결승선에 도착하면 아쉬워하며 다시 타러 올라가게 된다!

빅 웨이브 베이

탁 트인 야외 파도풀에서 짜릿한 파도 사이클을 즐길 수 있다.

실내에 있는 파도풀,
호라이즌 코브

두 사람이 함께 타는
트윈 슬라이드
짱재밌어~!

리프타이드

다양한 물줄기를 통과하며 야외 강을 떠다닌다.

오션파크에서 배우는 자연 보호

해양을 구해야 해~

지구의 70%는 바다로 뒤덮여 있다. 그 넓은 바다가 점점 더 심각하게 오염되며 해양생물들이 고통을 받고 있다. 지구 온난화와 해양 쓰레기 때문에 해마다 1억 마리의 해양생물이 죽어가고 있다고 한다. 해양생물이 살 수 없다면 결국에는 우리도 살 수 없다. 고통받고 있는 바다와 해양생물을 구할 방법을 찾아야 한다!

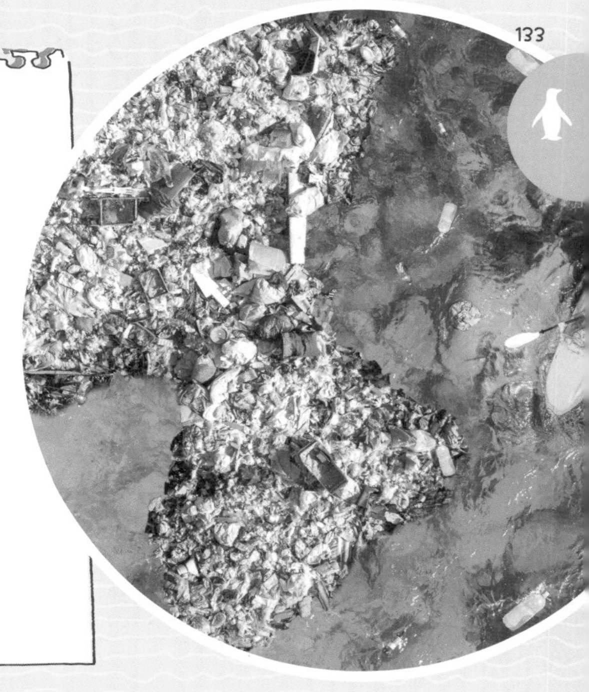

● 미세플라스틱

버려진 플라스틱은 점점 잘게 쪼개져 눈에 보이지 않을 만큼 작아진다. 그걸 해양생물들이 먹고, 그 물고기를 우리가 먹게 돼 결국 미세플라스틱은 우리 몸에 남게 된다.

● 쓰레기 섬

태평양에 한국 면적의 7배나 되는 쓰레기 섬이 있다. 전 세계 바다에 버려진 쓰레기들이 해류와 바람의 영향으로 한 곳에 모여 바다를 오염시키고 있다.

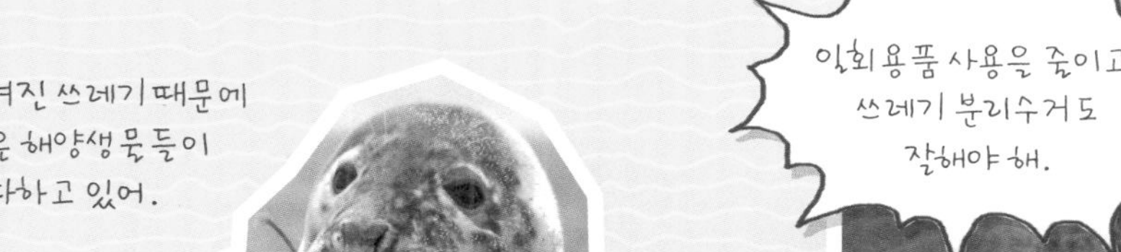

버려진 쓰레기 때문에 많은 해양생물들이 아파하고 있어.

일회용품 사용을 줄이고, 쓰레기 분리수거도 잘해야 해.

香港
科學館
과학이
놀이가 되는 곳
홍콩과학관

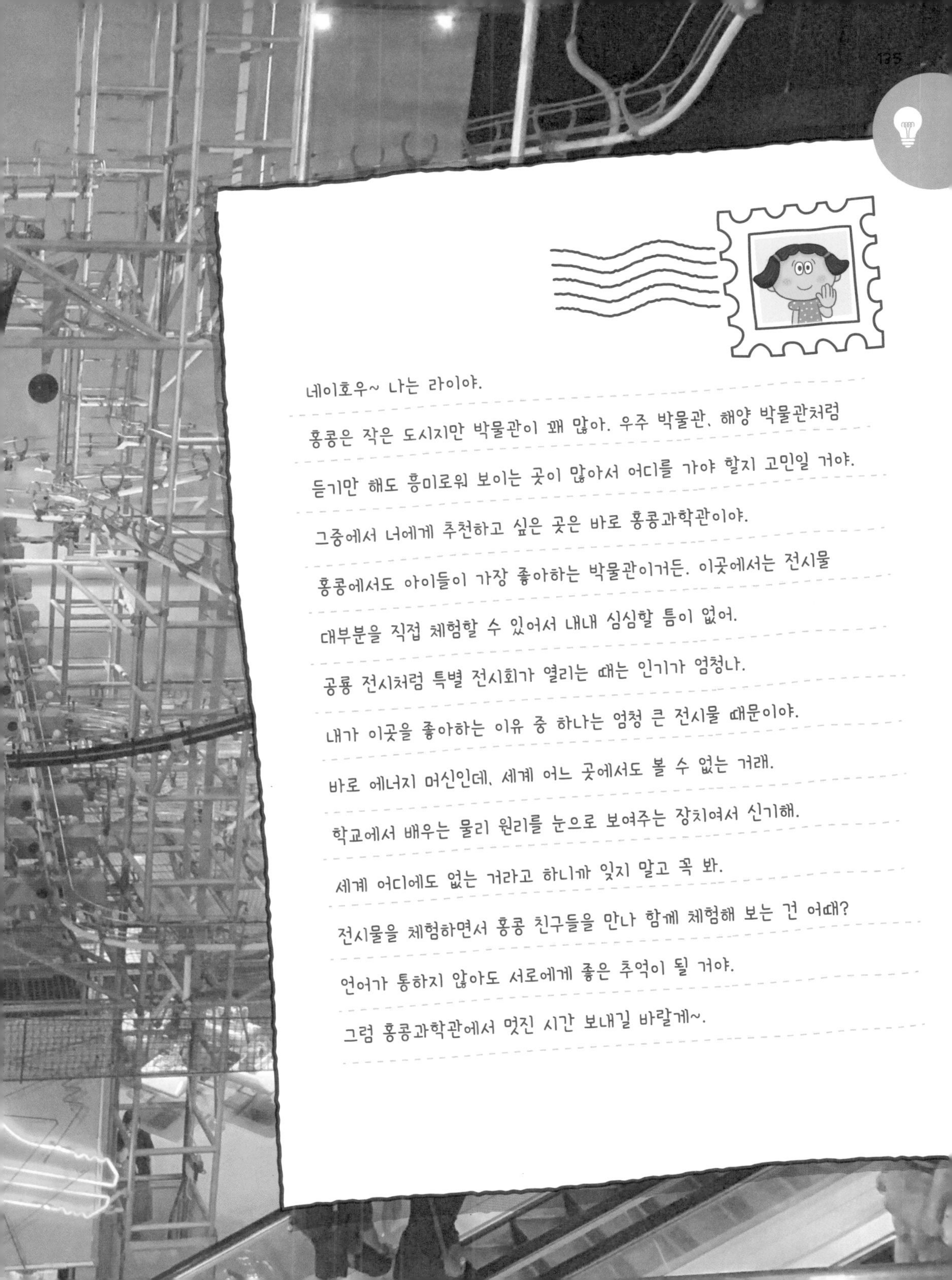

네이호우~ 나는 라이야.

홍콩은 작은 도시지만 박물관이 꽤 많아. 우주 박물관, 해양 박물관처럼 듣기만 해도 흥미로워 보이는 곳이 많아서 어디를 가야 할지 고민일 거야.

그중에서 너에게 추천하고 싶은 곳은 바로 홍콩과학관이야.

홍콩에서도 아이들이 가장 좋아하는 박물관이거든. 이곳에서는 전시물 대부분을 직접 체험할 수 있어서 내내 심심할 틈이 없어.

공룡 전시처럼 특별 전시회가 열리는 때는 인기가 엄청나.

내가 이곳을 좋아하는 이유 중 하나는 엄청 큰 전시물 때문이야.

바로 에너지 머신인데, 세계 어느 곳에서도 볼 수 없는 거래.

학교에서 배우는 물리 원리를 눈으로 보여주는 장치여서 신기해.

세계 어디에도 없는 거라고 하니까 잊지 말고 꼭 봐.

전시물을 체험하면서 홍콩 친구들을 만나 함께 체험해 보는 건 어때?

언어가 통하지 않아도 서로에게 좋은 추억이 될 거야.

그럼 홍콩과학관에서 멋진 시간 보내길 바랄게~.

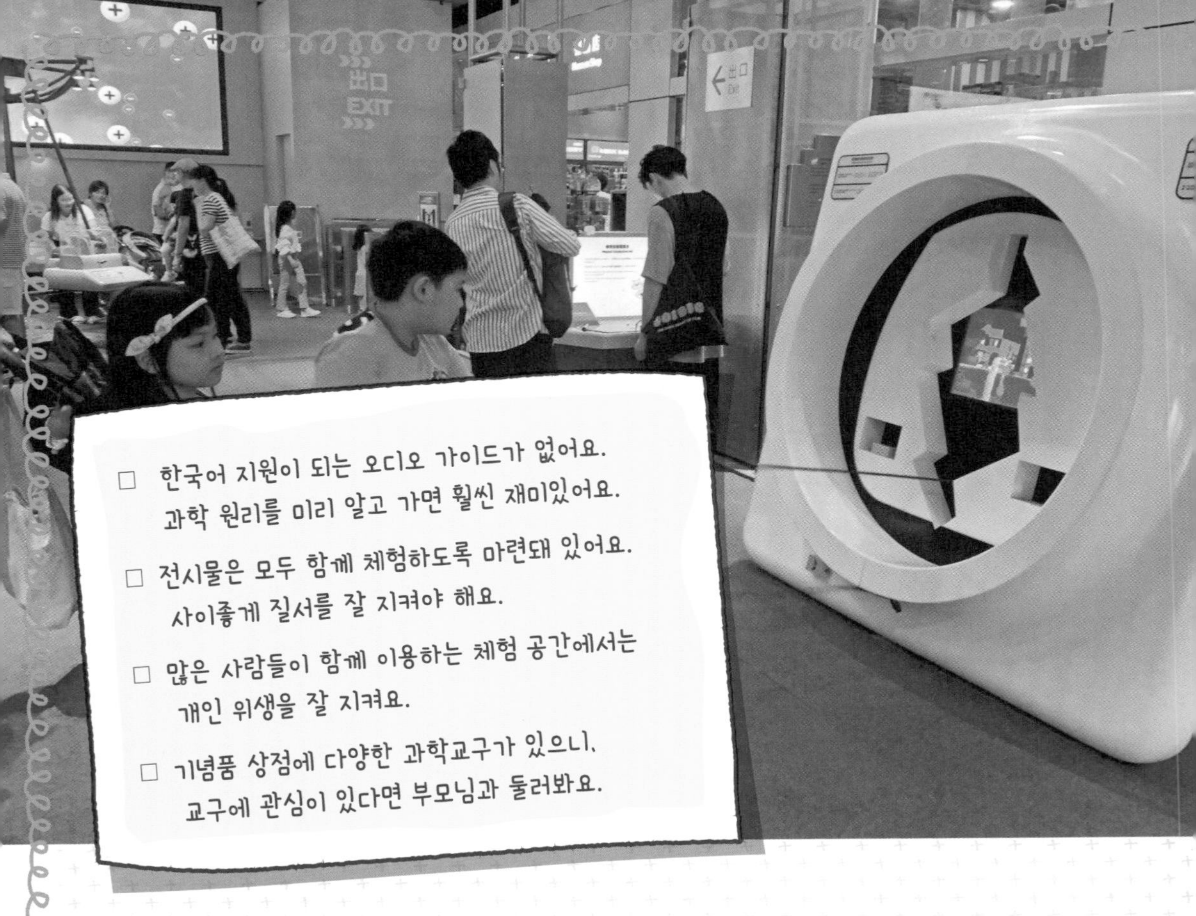

- ☐ 한국어 지원이 되는 오디오 가이드가 없어요. 과학 원리를 미리 알고 가면 훨씬 재미있어요.
- ☐ 전시물은 모두 함께 체험하도록 마련돼 있어요. 사이좋게 질서를 잘 지켜야 해요.
- ☐ 많은 사람들이 함께 이용하는 체험 공간에서는 개인 위생을 잘 지켜요.
- ☐ 기념품 상점에 다양한 과학교구가 있으니, 교구에 관심이 있다면 부모님과 둘러봐요.

홍콩과학관

과학은 체험이야 ★ 1991년에 만들어진 국립 과학 전문 박물관이다. 홍콩과학관의 소장품은 지하 1층과 지상 3개 층에 걸쳐, 10개 이상의 과학·기술 테마로 나누어 전시돼 있다. ★ 관람객이 직접 실험하고 작동시키며 과학 원리를 학습하는 체험형 과학 박물관이라는 점이 매력적이다. ★ 대부분 전시물들이 생활 속에서 쉽게 찾을 수 있는 것들이기 때문에 관람하는 내내 과학을 훨씬 더 가깝고 쉽게 느낄 수 있다. ★ 전시물은 중국어와 영어로만 설명돼 있어서 부모님과 함께 배경 지식을 미리 알고 가면 백 배 더 재미있게 과학관을 즐길 수 있다. ★ 비정기적인 특별 전시회도 항상 인기가 많기 때문에 홈페이지를 통해 특별 전시회 정보를 미리 확인해 보고 가면 좋다.

과학관의 아이콘, 에너지 머신과 벳시

에너지 머신(Energy Machine)은 높이 22m의 과학관 최대 전시물이자, 세계에서 가장 큰 롤링 볼 장치(Rolling Ball Machine)다. 여러 개의 붉은 공들이 아래로 내려오면서 타악기 연주와 같은 소리를 내며 에너지 변환에 대해 가르쳐준다. 매일 오전 11시, 오후 1시, 오후 5시에 작동된다.

벳시(Betsy)는 캐세이퍼시픽 항공사의 첫 항공기 더글라스(Douglas) DC-3의 이름이다. 1955년까지 캐세이퍼시픽에서 사용하다가 호주로 팔렸고 그후 30년이 지나 다시 캐세이퍼시픽으로 돌아와 이곳에 기증됐다. 비행기를 사랑하는 사람들은 벳시를 보기 위해 과학관을 찾을 정도로 인기가 많다.

1층

★ 1층부터 천천히 둘러봐~

전자 갤러리

Electricity and Magnetism Gallery

전기는 어떻게 만들어져?

발전소에서 만들어진 전기가 실생활에 이용되기까지의 과정은 물론, 전기와 자기장에 관한 중요한 과학 원리들을 눈으로 직접 살펴보며 이해할 수 있는 공간이다. 사람의 몸이 전기를 전달할 수 있다는 사실을 직접 체험하며 확인할 수 있다.

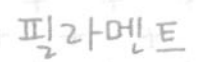

당겨 당겨~

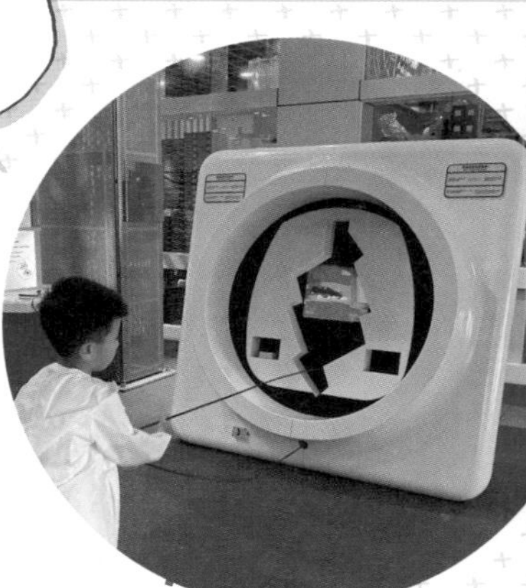

● 소켓 안에는 뭐가 있지?

전선을 당기면 전기가 어디에서 나오는지 알 수 있다. 발전소에서 만들어진 전기는 송전탑이나 지하에 묻힌 대형 케이블을 통해 집까지 이동한다.

● 전구는 어떻게 생겼어?

전구의 꼭지와 꼭지쇠에 전기가 흐르면, 필라멘트의 온도가 높아지면서 빛을 만들어낸다.

● 플라스마 글로브 Plasma Globe

마법의 구슬처럼 생긴 유리공 안을 플라스마 상태로 만들어주는 기구다. '플라스마'란 고체, 액체, 기체 상태가 아닌 상태(비활성 기체)를 말한다. 유리공 안의 기체는 충분히 열을 받으면 플라스마 상태로 변해 춤추는 빛을 만들어 낸다.

★ 춤추는 빛이 번개나 오로라같이 생겼지? 맞아! 이런 원리가 자연에서 발생하면 번개나 오로라가 되는 거야. 생활 속에는 전구로 빛을 내지.

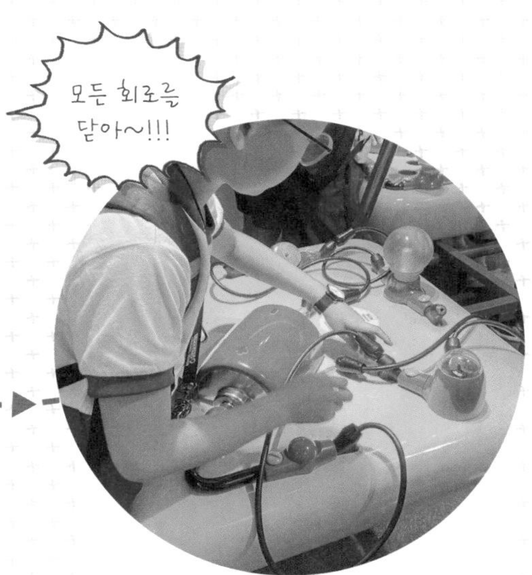

● 과학원리 체험 ①

전류가 흐르면 어떤 물체는 자석의 성질을 가지게 된다. 핸들을 돌리면 전기가 만들어져 전선과 코일을 따라 흐르고, 코일은 자석의 힘을 가지게 된다. 그 결과, 철가루가 코일에 붙는다.

● 과학원리 체험 ②

전구의 불을 켜기 위해서는 전류가 흘러야 한다. 전류가 흐르는 통로를 '회로'라고 하는데, 회로가 모두 연결되어야 전기가 흐른다.

지구과학 갤러리

Earth Science Gallery

지금 지구에서 무슨 일이?

지구에 대한 기본적인 지식을 이해할 수 있는 공간이다. 지구는 거대한 판으로 이뤄져 있고, 이 판은 계속 움직이면서 기후를 변화시키고 재해를 일으켜왔다. 판을 직접 움직여 보고, 태풍의 위력도 체감하고, 자신만의 언덕과 강을 만들어 보고, 광물을 하나하나 살펴보면서 지구의 생명력을 직접 느껴볼 수 있다.

용암이 숨어 있는 화산 속은 어떻게 생겼을까?

지진을 만들어~!

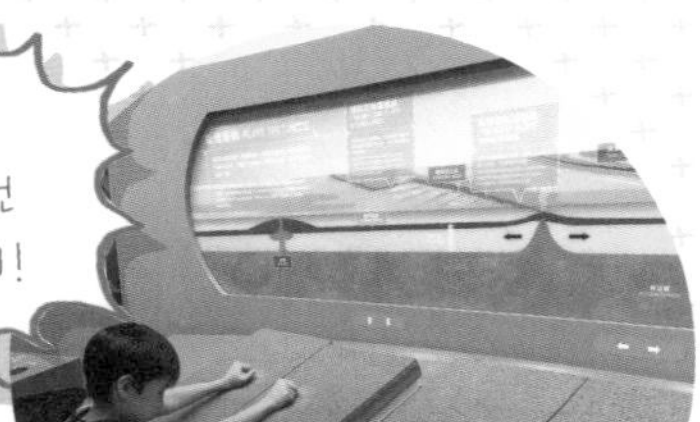

단층을 움직이는 건 너무 힘들어!

지구 안에서 생기는 힘이 지진을 만드는 원인이야. 내가 그 힘이 돼 보는 거야! 자! 돌려~ 더 세게~!

태평양 바다에서 발생하는
여러 태풍을 직접 움직여 봐.
태풍과 태풍이 만나면
어떤 일이 벌어질까?

목표 태풍을 정확하게
겨냥하고 중앙 버튼을 눌러.
조준이 됐다면, 태풍이 에어마
우스 쪽으로 끌려와.

에어마우스

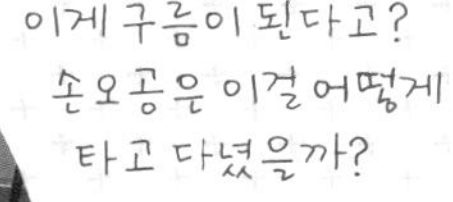

이게 구름이 된다고?
손오공은 이걸 어떻게
타고 다녔을까?

태풍의 엄청난
힘이 느껴져~!

쓰나미를
재현해 봐~!

3층

★놀다보면 과학과 친해져~

어린이 갤러리 Children's Gallery

과학은 놀이입니다~

프랑스 과학 산업 박물관과 함께 개발한 이곳은 어린이들이 관찰하고, 배우고, 상상하고, 발명하고, 듣고, 탐구할 수 있는 공간으로 만들어진 곳이다. 이곳의 전시물은 즐겁게 주변을 탐험할 수 있게 해주는 재미있는 놀이 도구가 되기도 한다. 모든 놀이 기구가 하나같이 다 재미있어서 어린이들로 늘 북적인다.

누가 만든 코스터가 가장 멀리 공을 보낼 수 있을까?

●내가 만드는 코스터

어린이들이 가장 좋아하는 놀이 도구! 다양한 레일을 조립해서 나만의 코스터를 만들고 그 위로 공을 굴린다.

공을 꼭대기까지 함께 올려 봐~.

●둘이 함께!

두 사람이 함께 공을 구멍에 빠뜨리지 않고 꼭대기까지 올리는 게임이다. 쉬운 방법도 있고 어려운 방법도 있는데, 두 사람이 얼마나 협동하느냐가 가장 중요하다.

● 내 얼굴은 대칭일까?

얼굴의 오른쪽과 왼쪽이 똑같은 사람은 없다. 사진을 찍어 왼쪽 얼굴을 대칭해보고, 오른쪽 얼굴도 대칭해 보자! 내 얼굴의 오른쪽과 왼쪽이 얼마나 다른지 알 수 있다.

● 내 심장 소리를 들어 봐

심장은 계속해서 오므라들었다 부풀었다 하며 움직이는데 이걸 심장박동이라고 한다. 우리 몸 구석구석으로 피를 보내기 위해 펌프처럼 운동하는 것이다. 기계에 손을 올리면 내 심장 박동 소리를 들을 수 있다.

'전자갤러리' 내용 참고 (p.138)

● 에너지 볼

핸들을 돌리면 전기가 만들어져 음악이 나온다! 에너지 볼에 배터리가 없는데도 음악이 나오는 신기한 놀이 기구다. 소리가 나는 이유는 핸들을 돌려 에너지를 만들었기 때문!

● 볼타워

볼타워 맨 꼭대기에서 공을 떨어뜨려 어느 곳으로 내려올지 맞춰 보자!

생물다양성 갤러리

Biodiversity Gallery

멸종되고 있는 동식물을 지켜야 해~

'생물다양성'이란 지구에 사는 종, 생태계, 유전자의 다양함을 모두 포함하는 말이다. 생태계는 생물다양성이 풍부해야 건강하게 유지되기 때문에 생물다양성을 유지하는 것은 매우 중요하다. 이곳에서 다양한 생물이 어떻게 서로 관련되는지 살펴보며 생물다양성 보존의 중요함을 깨닫게 된다.

● 홍콩의 다양한 곤충

작다고 무시하지 마, 다양성은 우리가 최고야~.

장수풍뎅이

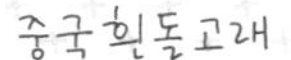

아틀라스 나방

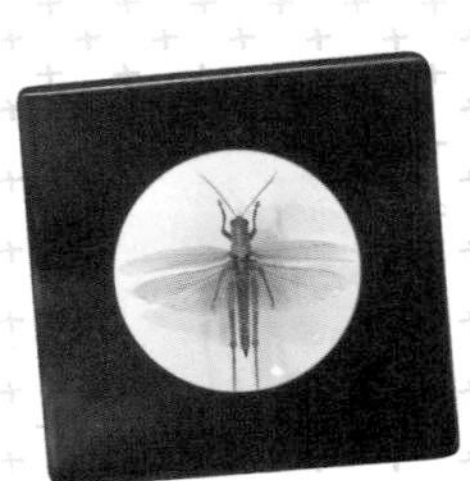

큰 초록 메뚜기

빨간 코 매미

중국흰돌고래

망둥어

● 맹그로브의 숨쉬는 뿌리

가상으로 만들어 놓은 맹그로브 숲! 맹그로브 숲의 소리를 생생하게 체험할 수 있다.

● 진화의 기록

단순한 세포에서 출발해 최초의 인류와 같은 복잡한 생명체가 출현하기까지의 긴 역사가 12m의 대형 보드에 기록돼 있다. 지구에 사는 생물의 진화는 동식물이 제각각 진행된 것이 아니라 서로 얽히고 설킨 관계 속에서 지구의 역사와 함께 발전한 과정임을 한눈에 볼 수 있다.

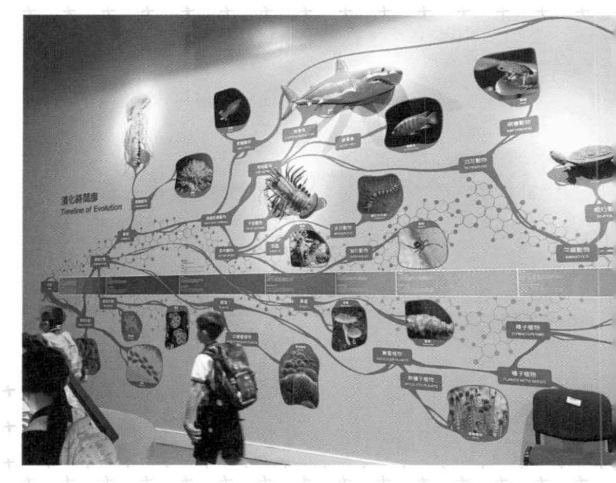

● DNA의 길이 체험

DNA는 생물을 다양하게 만드는 열쇠다. 생명체마다 다른 DNA의 길이를 직접 체험해 볼 수 있다.

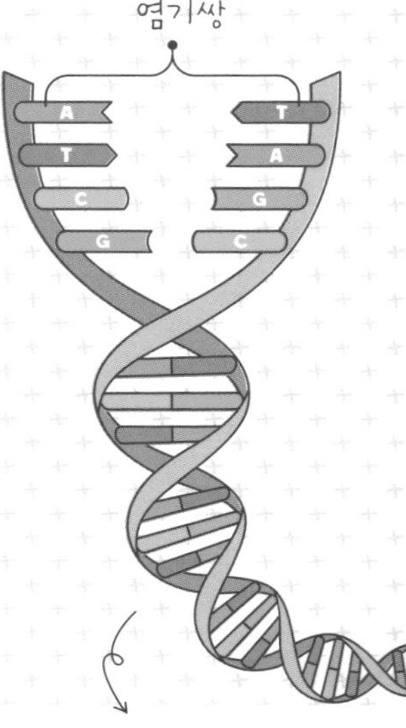

DNA는 아데닌(A), 티민(T), 구아닌(G), 사이토신(C)으로 이뤄져 있어. 아데닌은 티민과 짝을 이루고 구아닌은 사이토신과 짝을 이뤄. 이것을 DNA 염기쌍이라고 불러.

빛과 거울의 세계

Light & World of Mirrors

신기한 모습으로 만드는 매직 거울

과학에서 거울은 사물의 모습을 비춰 보기 위해 사용하는 중요한 도구다. 거울로 우리의 모습을 비춰 볼 수 있는 것은 빛이 거울에 반사되기 때문이다. 빛을 반사해 사물을 비춰 보여주는 거울은 실제와 다르게 보여주기도 한다. 좁은 공간을 끝없이 넓게, 혹은 사물이 사라져 보이게 하는 놀라운 능력을 가지고 있다. 내 눈이 잘못된 것 같은 신기한 거울의 원리를 재미있게 체험해 볼 수 있다.

투명화거울!
거울이 만나는 각도에 따라
사물이 안 보일수도 있어!

만 가지로 모습이
변하는 거울,
만화경

거울 복도!
거울이 거울을 비춰
무수히 많은 내가 생겼어~.

소리 Sound

소리는 일직선을 몰라~

소리는 직선으로 전달되지 않는다. 소리는 물질을 통해 진동하면서 움직이기 때문에 소리의 높이와 크기에 따라 진동의 모습이 바뀌면서 다양한 소리를 낸다. 전시물을 관람할 때 직접 소리를 내 보면서 다양하게 바뀌는 소리의 특성을 체험할 수 있다. 뿐만 아니라, 긴 유리관 내부에서 일어나는 소리의 파동을 통해 눈에 보이지 않는 소리의 움직임을 눈으로 확인할 수 있다.

●정상파

눈으로 볼 수 없는 소리의 진동을 직접 볼 수 있다. 소리를 키우고 줄일 때마다 유리관 속의 알갱이가 다르게 움직인다. 소리는 직선으로 움직이지 않고 파장으로 움직인다는 걸 볼 수 있다.

하얀 알갱이가 춤추듯 움직여~!

●춤추는 링

소리의 진동을 링의 움직임으로 확인할 수 있다. 스피커에서 소리가 나오면 링이 진동한다. 스위치로 주파수를 조정하면 진동이 변한다.

●사라지는 소리

공기가 소리를 전달하는 역할을 하는데, 공기가 없다면 어떻게 될까? 버튼으로 유리종 안의 공기를 모두 빼내면, 소리가 들리지 않는다!

운동 Motion

이유 없이 당연히 움직이는 건 없어

전시물을 직접 만지고 움직여 보면서 힘과 운동 사이의 관계를 이해할 수 있다. 학교 수업에서 듣는 것보다 더 쉽게 느껴질 것이다. 물리학 중에서 '역학'은 두 개 이상의 힘이 서로 영향을 미치고, 그 결과로 운동의 속도와 방향을 변화시키는 관계에 대해 연구하는 학문이다. 역학은 어떻게 하면 인간이 더 적은 힘으로 더 많은 일을 할 수 있을지에 대한 답을 찾는 데 도움을 준다.

입자를 수만 배 확대
시킨 모습을 모형으로
관찰할 수 있어.

● 브라운 운동

액체나 기체 안에 떠다니며 움직이는 작은 입자의 불규칙한 운동을 '브라운 운동'이라고 한다. 꽃가루나 냄새가 퍼지는 것도 모두 브라운 운동이다.

● 혼돈의 진자운동

여러 개의 진자는 그 움직임을 예측하기 어렵다. 하지만 물리학자들은 역학적 계산을 통해 혼돈의 움직임 속에서도 규칙을 찾아낸다.

● 도르레

힘의 방향을 바꿔줌으로써 같은 무게를 훨씬 더 작은 힘으로 들어 올릴 수 있게 해주는 도구다.

자키 클럽 환경 보존 갤러리

Jockey Club Environmental Conservation Gallery

환경을 생각하는 과학이 필요해~

인간은 지금까지 편리함을 위해 기술과 산업을 발전시켜 왔다. 그 과정에서 화석 연료를 지나치게 사용하고 자연을 파괴했으며, 어마어마한 양의 탄소를 방출하는 잘못을 저질렀다. 환경 보호와 지속 가능한 생활방식은 아픈 지구를 되살리기 위해 우리가 반드시 지켜야 하는 행동이다. 이곳에서는 그린 에너지를 포함한 다양한 친환경 기술에 대한 정보들을 살펴보고 체험할 수 있다.

태양에너지로 움직이는 비행기 조종하기

태양에너지를 사용하는 운송수단

과학관에서 배우는 지구과학

태풍은 어떻게 만들어져?

태풍은 열대 바다 위에 만들어지는 저기압이 계속 발달하면서 저기압 주변에 강한 폭풍과 비를 거느리게 되는 기상 현상이야.

홍콩의 5~11월은 크고 작은 태풍이 몰리는 태풍기다. 이 기간에 매년 평균 2~3개의 태풍이 홍콩 날씨에 영향을 미친다. 그래서 홍콩은 효율적인 태풍 및 폭우 경보 시스템이 잘 갖춰져 있다. 매년 우리나라와 홍콩에 영향을 주는 태풍에 대해 알아보자.

올라간 공기가 수직으로 발달한 구름을 만들고, 주변 공기도 점점 더 빠르게 중심으로 모여들며 강한 바람을 일으킨다.

그 주변의 공기가 회전하며 올라간 공기의 자리로 모여든다. 이 현상이 지속되면 올라가는 공기가 점점 많아지고, 주변으로 모이는 공기도 많아진다.

따뜻한 열대 바다에서 수증기를 품은 공기가 위로 올라간다.

香港歷史
博物館
오랜 옛날부터
지금까지의 홍콩 이야기
홍콩역사
박물관

안녕!

나는 13살 알렉스 링이라고 해.

곧 가족들과 홍콩으로 여행을 온다고 들었어! 정말 설레겠다.

나는 해외로 여행을 가면 그곳에 사는 사람들이 어떤지 궁금하더라고.

너는 홍콩에 대해서 얼마나 알고 있어?

홍콩은 작은 도시지만, 아주 오래전부터 사람들이 살았던 곳이야.

시간이 지나면서 점점 더 많은 사람들이 이곳으로 옮겨와 살게 됐지.

그 사람들에게 어떤 일이 있었는지 알게 된다면, 홍콩의 여러 볼거리들을

구경할 때 훨씬 더 재미있을 거야. 그 이야기가 궁금하지 않아?

만약 더 알고 싶다면, 꼭 홍콩역사박물관을 가 봐.

홍콩과학관과 가까워서 같이 둘러봐도 좋아.

홍콩의 독특한 역사도 알 수 있고, 옛날의 홍콩 사람들이 사용했던

중요한 유물도 볼 수 있어.

네가 역사를 좋아한다면 더욱 더 좋아할 만한 곳이야.

- □ 홍콩의 중요한 역사에 대해 미리 알아두면 더욱 재미있게 관람할 수 있어요.
- □ 전시품들은 모두 홍콩의 중요하고 소중한 유물이라는 사실을 잊지 말아요.
- □ 유물을 볼 때, 고고학자가 된 것처럼 그 쓰임을 미리 추측하며 관람해요.
- □ 사진을 찍을 때 플래시를 사용하면 안 돼요.

홍콩역사 박물관

홍콩의 역사가 한곳에 ★ 1975년에 설립된 이후, 홍콩의 역사와 문화유산을 보존하고 홍보하는 데 중요한 역할을 해오고 있는 박물관이다. ★ 선사 시대부터 1997년 홍콩 반환에 이르는 긴 역사를 연대기별로 한곳에 잘 정리해 두었다. ★ 독특한 홍콩 문화가 만들어진 역사적 배경과 특징을 보여주는 유물과 영상이 전시돼 있다. ★ 특히, 소수민족이 사는 작은 마을에서 국제적인 대도시로 성장하기까지 지난 150년 동안의 과정은 홍콩 시민뿐만 아니라 관광객에게도 흥미롭다. ★ 박물관의 보수공사 기간에도 '홍콩 이야기(The Hong Kong Story)'를 주제로 한 소규모 전시를 이어갈 만큼 '홍콩의 역사와 문화 전달자'로서의 역할을 제대로 하고 있다.

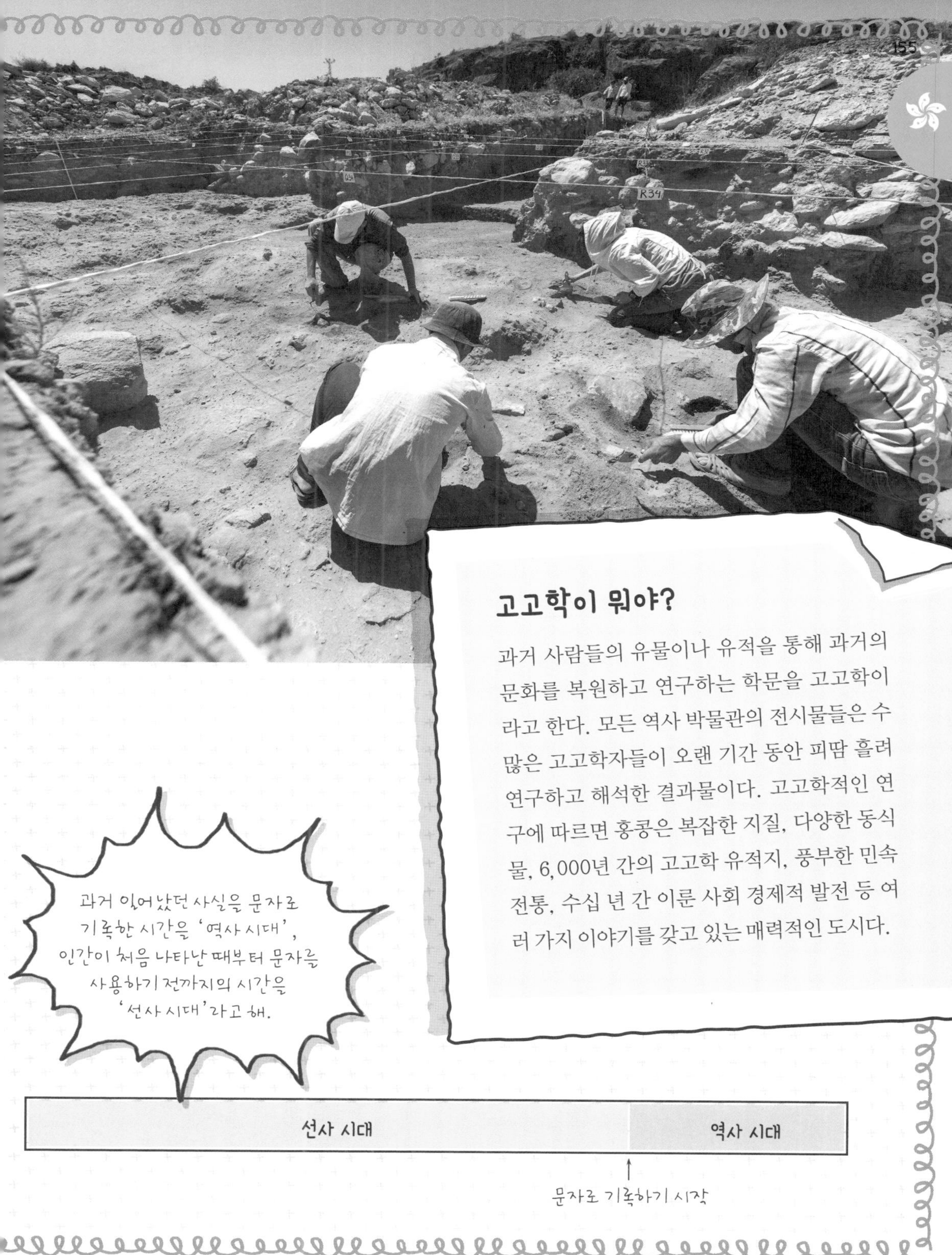

고고학이 뭐야?

과거 사람들의 유물이나 유적을 통해 과거의 문화를 복원하고 연구하는 학문을 고고학이라고 한다. 모든 역사 박물관의 전시물들은 수많은 고고학자들이 오랜 기간 동안 피땀 흘려 연구하고 해석한 결과물이다. 고고학적인 연구에 따르면 홍콩은 복잡한 지질, 다양한 동식물, 6,000년 간의 고고학 유적지, 풍부한 민속 전통, 수십 년 간 이룬 사회 경제적 발전 등 여러 가지 이야기를 갖고 있는 매력적인 도시다.

과거 일어났던 사실을 문자로 기록한 시간을 '역사 시대', 인간이 처음 나타난 때부터 문자를 사용하기 전까지의 시간을 '선사 시대'라고 해.

선사 시대	역사 시대

↑ 문자로 기록하기 시작

어업에 능했던 '월족'

3~4천 년 전에 살았던 인류

월(Yue)족은 문자가 없었던 선사 시대부터 중국 남부의 모랫둑이나 만(灣)에 간단한 집을 짓고 살았는데, 주로 농사를 짓거나 낚시와 사냥을 하며 지냈다. 청차우 섬(홍콩 남서쪽)에서 발견된 조개껍질 칼날, 뼈바늘과 송곳, 가장자리에 돌을 매단 낚시망(어망), 청동 낚시 바늘 등의 생활 도구 외에도 청동과 돌로 만든 도끼와 창을 통해 오래 전 월족의 수렵 생활을 짐작할 수 있다. 또한 천 조각 유물은 당시 월족이 이미 오래 전부터 직조를 할 수 있었던 것을 보여준다.

제일 먼저 정착한 '푼티족'

홍콩으로 가장 먼저 이주했어

'푼티(Punti)'는 광동어로 '그 지역에 터전을 두고 사는 사람'이라는 뜻이다. 푼티족은 이름처럼 홍콩에 가장 먼저 이주해 살기 시작한 덕분에 홍콩에서 비옥한 땅을 먼저 차지했다. 오늘날 홍콩에 사는 화교 중 가장 많은 수를 차지하고 있다. 식탁 중앙에 큰 그릇을 놓고 온 가족이 둘러 앉아 함께 나눠 먹는 상차림, 사당을 짓고 조상을 숭배했던 모습, 다른 소수 민족들을 배척했던 흔적을 보면 푼티족이 민족 간 단결을 얼마나 중요하게 생각했는지 알 수 있다.

해안에 살았던 '보트 거주자'

태어나서 죽을 때까지 배 위에서 살았어

해안을 따라 모여 살았던 보트 거주자(Boat Dwellers)는 태어나서 죽을 때까지 배 위에서 생활했다. 오늘날 란타우섬의 타이오(Tai O) 수상 가옥에 사는 사람들 역시 보트 거주자들의 후손이다. 이들은 정크 보트를 타고 바다를 이동하고 낚시하면서 살았기 때문에 영국인들과 한족들에게 '바다 집시'로 불렸다. 변화무쌍한 바다 날씨의 작은 변화도 잘 알아차렸고, 소금에 대해 잘 알았기 때문에 생선을 소금에 절여서 보관하는 데에도 능숙했다.

뒤늦게 이주한 '하카'

우리는 정말 훌륭한 솜씨를 가졌다고~

하카(Hakka)는 '손님 가족', 즉 다른 지역에서 흘러들어온 '손님 같은 사람들'이라는 의미로, 뒤늦게 홍콩으로 이주한 소수 민족이다. 이들 역시 농사를 지으며 살아가는 민족이었지만, 먼저 정착한 푼티족에 밀려 비옥한 땅 대신 척박한 언덕에서 살 수밖에 없었다.

★ 조각으로 장식된 닭장이나 하카족 모자에 사용된 '패턴 밴드'를 보면, 하카족의 솜씨가 아주 뛰어났음을 알 수 있어.

수상인 '호클로족'

우리에게 혼례는 매우 중요했지~

호클로족은 호키엔(Hokkien) 언어를 쓰던 소수 민족으로, 원래 중국 남부 광동성의 바닷가 지역에 살다가 홍콩으로 이주해 살기 시작했다. 아주 초기에는 생계를 위해 배에서 생활하고 낚시로 먹을 것을 구했다. 하지만 시간이 지나면서 낡은 배에서의 생활이 어려워지자 물가에 움집을 짓고 살기 시작했다. 물 위에서 생활하던 호클로족의 관습과 의식도 육지 환경에 맞게 변했다. 무형문화재 '용선춤'이 그 대표적인 예다.

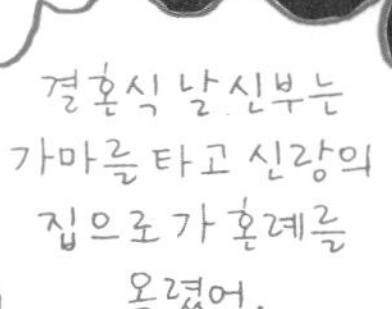

● 호클로족의 전통 혼례

민족 간의 단결과 가족을 중요하게 생각했던 호클로족은 '결혼'을 인생에서 가장 중요한 것으로 여겼다.

● 홍콩의 대표 축제 '용선춤'

호클로족의 신부는 신랑의 가족 중 결혼한 여자가 노를 젓는 용선을 타고 신랑의 집으로 이동했다. 호클로족이 육지에 정착한 후 이 풍속은 사라졌지만, 여성 무용수가 배를 젓는 춤사위를 펼치는 용선춤 퍼레이드로 남아 있다.

홍콩의 할양과 발전

중국의 영토에서 영국의 영토로

아편전쟁에서 패배한 대가로 홍콩은 영국에게 할양되었고, 홍콩의 일부 지역은 영구적인 할양이 아닌 반환을 약속한 할양이었다. 이후 서구문화와 통치 방식이 몰려들며 홍콩 사회는 큰 혼란과 동시에 급성장하는 기회가 됐다. 과학기술의 발달과 우편제도, 화폐 경제 등으로 빠르게 발전했다. 20세기에 접어들자 경제 성장과 함께 인구가 급증했고, 그에 따라 철도와 트램 등 교통수단도 생겨나면서 경제의 흐름이 더욱 빨라졌다.

소방차 역할을 했던 소방수레

● 아편 전쟁이 뭐야?

18~19세기 초, 영국에서는 청나라의 비단, 도자기, 차가 큰 인기였다. 영국은 물건 값을 은으로 지불해 왔는데, 은이 부족해진 영국 상인들은 아편을 청나라로 수출해 은을 마련했다.

청나라 사람들이 점점 아편에 중독되자 1796년 청나라는 아편 수입을 금지시켰다. 하지만 영국 상인들은 불법으로 더 많은 아편을 팔아 이익을 챙겼다.

1839년, 청나라 관료 임칙서가 외국 배에서 많은 양의 아편을 강제로 빼앗아 바다에 던져버렸다. 영국은 이 사건을 빌미로 전쟁을 일으키는데, 이것이 바로 아편 전쟁이다.

세계적인 도시, 홍콩

이 시기의 홍콩을 '올드 홍콩'이라고 불러~

20세기 후반, 홍콩은 엄청난 속도로 성장했다. 도시의 경제와 더불어 개인 생활도 눈부시게 발전했다. 서구식 상점과 카페 등의 문화 공간이 등장했고, 옛 건물 사이로 초고층 빌딩이 하나둘 들어섰다. 수많은 사람들을 태운 지하철이 도시 이곳저곳을 바쁘게 움직였고 아시아 경제의 중심지가 됐다. 오래된 것과 새로운 것, 동양의 것과 서양의 것이 함께 숨 쉬는 홍콩은 그 이후로도 대체 불가한 세계적인 도시가 됐다.

블랙이나 화이트 계열의 옷을 입고 가면 배경과 잘 어울리는 사진을 찍을 수 있어!

옛 홍콩의 모습을 꾸며놓은 곳에서 기념사진!

20세기 후반 홍콩 친구들의 장난감

일본의 홍콩 점령

홍콩 역사의 암흑기

1941년 홍콩 전투에서 승리한 일본은 홍콩을 점령하고 통치했다. 일본은 빅토리아 하버를 봉쇄하고 행정기관과 공장을 장악했다. 더 나아가 홍콩 달러까지 불법화시키고 홍콩의 무역을 통제하는 등 전쟁을 위한 경제적 착취가 나날이 심해졌다. 그 결과, 많은 홍콩 사람들이 식량 부족으로 굶어 죽거나 전쟁 포로로 수용소에 갇혀 지냈으며, 일본군들의 잔혹한 만행으로 목숨을 잃었다.

★ 일본은 3년 8개월 동안 홍콩을 점령했고 일본이 제2차 세계대전에서 항복하면서 끝이 났어.

중국의 영토로 돌아간 홍콩

99년 간의 영국 통치가 끝!

1997년 6월 30일, 영국은 홍콩에 대한 통치를 끝냈다. 중국과 영국은 반환으로 인한 혼란을 최소화하기 위해 여러 논의를 거쳤고, 두 나라는 홍콩이 영국의 통치에서 벗어나 중국 통치의 영토가 되는 변화를 재촉하지 않는데 동의했다. 그 결과, 홍콩은 '하나의 국가 안에 자본주의와 사회주의 체제를 모두 인정한다'는 '일국양제(One Country, Two Systems)' 체제를 유지하면서 점차적으로 중국 본토의 문화를 받아들이고 있다.

역사박물관에서 알게 되는
선사 시대

선사 시대
어떤 모습이었을까?

문자로 역사를 기록하기 시작한 시기를 역사 시대라고 한다. 우리나라는 보통 고조선 시대부터 역사 시대라고 부른다. 역사 시대 이전을 모두 선사 시대라고 부르는데, 선사 시대는 당시의 인류가 어떤 도구를 사용했는지에 따라 크게 구석기 시대, 신석기 시대, 청동기 시대로 구분된다.

돌을 도구로 사용한
구석기 시대

- 돌을 깨면 생기는 날카로운 부분을 도구로 사용(뗀석기)했다.
- 돌 외에도 짐승의 뼈, 나뭇가지를 이용해 만든 도구로 식물을 채집하거나 사냥을 했다.
- 불을 사용하기 시작했다.
- 주로 동굴에서 생활했으며, 막집(간단하게 지은 집)을 지어 임시로 지내면서 식량을 구하러 이곳저곳 옮겨 다니며 살았다.

청동을 사용한
청동기 시대

- 청동을 사용해 장신구나 무기 등을 만들었다.
- 벼농사가 널리 보급됐다.
- 마을의 규모가 커지면서 제도가 만들어졌다.
- 다른 부족과의 전쟁이 잦아졌다.
- 지배자들은 자신의 힘을 뽐내기 위해 고인돌을 만들었다.

토기를 만들어 사용한
신석기 시대

- 빙하기가 끝나고 기후가 따뜻해지면서 농사를 짓기 시작했다.
- 가축을 길렀다.
- 농사 지은 곡식을 저장하기 위한 토기를 만들었다.
- 돌을 갈아 도구를 만들었다(간석기).
- 집을 지어 한곳에 모여 살며 씨족 사회가 만들어졌다.

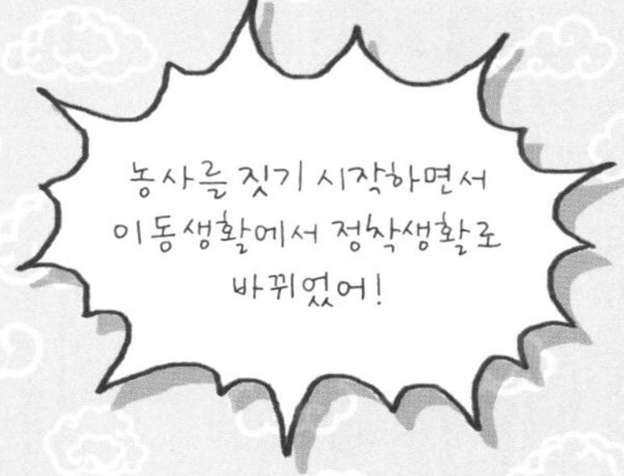

拜拜

바이바이

안녕